# ドローン ポケットブック

# DRONE POCKET BOOK

谷口光廣・岡島賢治・森本英嗣・成岡 市 著

電気書院

# まえがき

ドローン(Drone)は，無人航空機(UAV；Unmanned Aerial Vehicle) の通称である．

当初，複数枚のプロペラを利用したマルチコプター(回転翼機) がホビー用ドローンとして市販された．現在では，コンピュータ制御の導入，特殊カメラセンサーの搭載，機体の特殊化などにより，産業用無人航空機 (UAV) としての利用価値が広く認識されている．

無人航空機(UAV)は，航空機の一種であることから航空法の適用を受ける．一方，小型の無人航空機(UAV) は，誰でも手軽に購入でき，操縦理論や法規を理解しなくても飛行させることが可能である．しかし，知識不足や経験不足が原因となって人為的事故が発生することは回避しなければならない．

本書の特徴は，

(1) UAV(ドローン)の実務・操縦訓練前に作業着やジャンパーなどのポケットから取りだして，即座に知りたい項目を点検することができる．

(2) 手帳型のため，実務に携わる方だけでなく，興味のある一般の方も手に取りやすい．

(3) どこから見ても・読んでも，理解が深まる各章独立型になっている．

そして本書は，「基本事項を十分理解した上でUAV (ドローン) を利用し，トラブルや危険を回避することを第一優先」にして，最低限度理解しておかなければならないUAV（ドローン）の基礎的知識，飛行原理および関連法規を解説している．

なお，本書で解説する内容は，発刊当時の法制度，条例等に準拠していることを留意していただきたい(一部は，改正に対応)．

ドローンに関するルールは，日進月歩であり，年々更新されている．

末尾に，本書の出版に際して多大のご尽力をいただきました株式会社 電気書院の皆様ならびに本書担当者の近藤知之氏に深く感謝申し上げます．

令和2年（2020年）7月

著者グループ　記す

# 目 次

# 第1章　UAV（ドローン）とは

UAV とは無人航空機（UAV：Unmanned Aerial Vehicle）のことである．UAV の通称名であるドローン（Drone）は，当初，複数枚のプロペラを利用したマルチコプター（回転翼機）がホビー用ドローンとして一般に普及したが，コンピュータ制御の導入，特殊カメラセンサーの搭載，機体の特殊化などにより現在では産業用 UAV（ドローン）として急速に発展普及している．後述するが，UAV（ドローン）は航空機の一種であることから，航空法の適用を受ける．

一般的な UAV（ドローン）は，誰でも容易に購入することができ，基本的理論や法律を理解することなく飛行させることが可能であることから，知識不足や

写真 1-1　UAV（ドローン）

経験不足による事故（人為的要因による事故）などが危惧される．

今日，多方面分野においてUAV（ドローン）の利活用が進んでいることから，利用者は事前に最低限理解しておかなければならない事項がある．本章は，UAV（ドローン）の基礎的知識，飛行原理および関連する法律を解説し，土木利用に必要となる“UAVを用いた測量方法”を説明する．

基本をよく理解したうえでUAV(ドローン)を利用し，トラブルや危険を回避することが第一優先である．

**コメント**

**○トイドローン**

小型のマイクロドローンから中型のドローンまで種類は豊富である．小型・軽量であるため，屋内での飛行が主であり飛行時間は短く，飛行距離も短い．

気軽に飛行させることができるため，練習機としては最適であり，**多くのトイドローンは，機体重量が 200 g未満である．**

写真 1-2　マイクロドローン (Tello)
(Ryze Technology)

○**固定翼ドローン**

メリット：飛行時間が長く，飛行速度も速いため，広範囲の撮影に適している．

デメリット：高価格で離発着に広い場所が必要であり，また，操作の独特である．

写真 1-3　UAV(Wingtra)
（トリンブルパートナーズ中部（株）提供）

写真 1-4　UAV(UX5)
（トリンブルパートナーズ中部（株）提供）

○**産業用ドローン**

大型化されている機体が多く，ペイロード（最大積載量）が大きい，長距離飛行が可能，安定した飛行が可能等のメリットがある．また，特殊な作業に適した機能が備わった機体が多い．

写真 1-5　UAV
(SkymatiX X-F1)
(株式会社プロドローン提供)

写真 1-6　UAV
(PD6B-AW-ARM)
(株式会社プロドローン提供)

## 1-1　UAV（ドローン）の現状

2015年はドローン元年といわれ，現在，ドローンを利用した産業が多岐に渡り拡大している．そして，**「UAV（ドローン）は空の産業革命」**ともいわれ，経済市場を賑わしている．

UAV（ドローン）の機体はラジコンヘリに比べ，コンピュータ制御（衛星電波受信，ジャイロセンサー，加速度センサーなど）の導入により「**操縦が容易となったこと，回転翼機での特徴である垂直離着陸が可能であるため離着陸の場所の自由度が高いこと，ホバリングが可能であること，機体が比較的安価であること**」が特徴である．また，UAV（ドローン）にカメラを搭載したことにより，個人レベルでは不可能であった「空撮」が容易になり，気軽に鳥目線の画像や動画の撮影が可能となったことで，社会的関心が急速に高まった．

しかし，2015年にニュースを賑わしたUAV（ドローン）による墜落事故などが相次いだことから，UAV（ドローン）に対する法整備が進められ，2015年12月10日に「ドローン等無人航空機に関する条文」が追加された「改正航空法」が施行されることになった．無人航空機にかかる改正航空法による内容は，大きく下記の2点である．

**○無人航空機の飛行禁止空域**

**○無人航空機の飛行方法**

このルールに違反した場合，**50万円以下の罰金**を科すこととなっている（詳細内容については，「第6章関連する法律」参照）．

改正航空法は，無人航空機の飛行に関して，“航空機の航行や地上の人・物の安全を確保するため，無人航空機の飛行の禁止空域および無人航空機の飛行の方法等”について基本的なルールを定めたものである．

UAV（ドローン）の利活用は建設現場の生産性向上にも期待されており，測量分野においては，「UAV を用いた公共測量マニュアル（案）」および「公共測量における UAV の使用に関する安全基準（案）」が国土地理院にて作成され，平成 28 年（2016 年）3 月 30 日に公開されている．このマニュアル（案）および安全基準（案）は，公共測量だけでなく，国土交通省が進める i-Construction に係る測量作業において適用することが前提に作成されており，測量業者が円滑かつ安全に UAV（ドローン）を用いた測量を実施できる環境が整備され，建設現場における生産性向上が期待されている．

## 1-2　無人航空機（UAV）とは

日本における航空機とは，「航空法　第一章　総則　第二条」において，下記のように定義されている．

> **第一章　総則**
> （定義）
> **第二条**　この法律において「航空機」とは，人が乗つて航空の用に供することができる飛行機，回転翼航空機，滑空機，飛行船その他政令で定める機器をいう．

「航空法」　抜粋 1-1

また，日本における無人航空機（UAV）とは，「航空法　第一章　総則　第二条　第22項」において，下記のように定義されている．

**第一章　総則**
（定義）
**第二条**
**22**　この法律において「無人航空機」とは，航空の用に供することができる飛行機，回転翼航空機，滑空機，飛行船その他政令で定める機器であつて構造上人が乗ることができないもののうち，遠隔操作又は自動操縦（プログラムにより自動的に操縦を行うことをいう．）により飛行させることができるもの（その重量その他の事由を勘案してその飛行により航空機の航行の安全並びに地上及び水上の人及び物件の安全が損なわれるおそれがないものとして国土交通省令で定めるものを除く．）をいう．

「航空法」　抜粋 1-2

航空法における無人航空機（UAV）は，一般的に広まっているマルチコプター（回転翼機）に限定されることなく，飛行機，滑空機，飛行船その他政令で定める機器も含まれる．ただし，省令により，**機体重量が200 g未満の機体（飛行に必要なバッテリーを含めた重量）**は無人航空機から除外され，模型航空機に分類される．

コメント

**機体重量が 200 g 未満の機体**は，飛行可能時間等の機能・性能が限定されており，また，墜落等により人や物件に衝突した場合でも，その被害はきわめて限定的であると考えられる．200 g 未満の機体は，主に屋内等の狭い範囲内での飛行が主となる．

**機体重量とは，無人航空機本体の重量とバッテリーの重量の合計**のことであり，バッテリー以外の取り外し可能な付属品の重量は含まないものとされている．

ただし，機体重量が 200 g 未満の機体は無人航空機には適用されないが，“航空法　第六章　航空機の運航（飛行に影響を及ぼすおそれのある行為）第九十九条の二”に適用されるため航空機の運航に影響を与える恐れのある飛行には注意が必要である（詳細は，後述）．

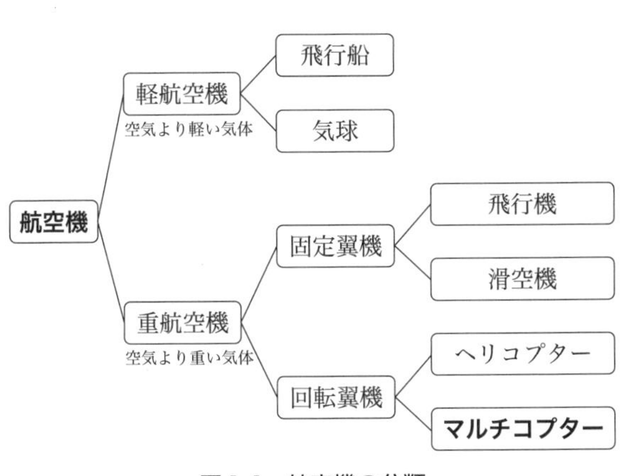


図 1-1　航空機の分類

航空機のすべてにおいて，構造上，人が乗ることはできず，遠隔操作または自動操縦（プログラムにより自動的に操縦を行うことをいう）により飛行させることができるもので，固定翼機や回転翼機も含めて，**機体重量が 200 g 未満の機体以外は，すべて無人航空機に分類される．**

# 第2章　基礎知識



UAV（ドローン）には多くの種類があり，また，部位の名称や機体の動きにも航空機特有の名称がある．

## 2-1　UAV（ドローン）の種類

UAV（ドローン）には回転翼機と固定翼機がある．一般的UAV（ドローン）である回転翼機のマルチコプターの分類は**図2-1**に示す通りである．

マルチコプターとは，ヘリコプターのような回転翼を用いて飛行する機体をいい，3つ以上のモーター（プロペラ（ブレード））を持つものをマルチコプターと呼ぶ．

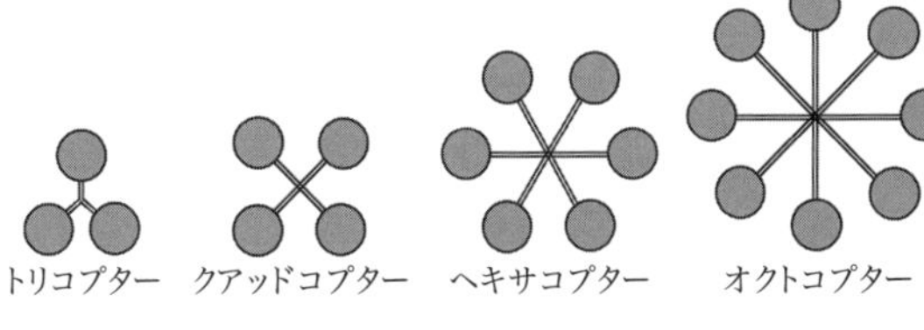


図2-1　マルチコプターの分類

また，広範囲の飛行が可能である固定翼機は，2つの翼を持った一般的な航空機の形態をしているが，人が乗ることができない構造となっている．

写真 2-1　固定翼 UAV
(Wingcopter 178 Heavy Lift)
(SkyLink Japan / 株式会社
WorldLink & Company 提供)

## 2-2　機体の名称

UAV（ドローン）本体の名称として，本書では，回転翼機である DJI 社の Phantom 3 Professional を例として説明する．

現在の UAV（ドローン）には安定飛行を実現させる多種多様なセンサーと空撮のための高性能カメラが備えられていることから，飛ぶ**精密機器**といわれている．

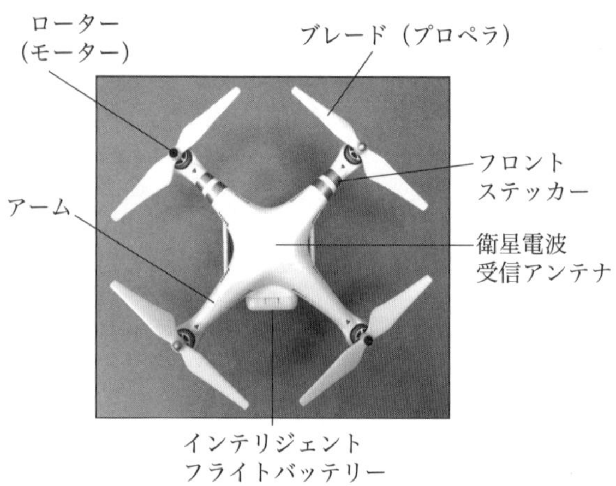


写真 2-2　UAV（ドローン）上面

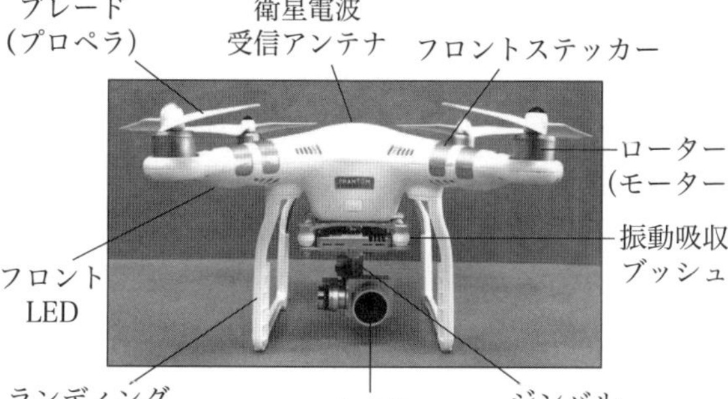


写真 2-3　UAV（ドローン）正面

1章
2章
3章
4章
5章
6章
7章
8章
9章
10章
11章
12章

### ○ブレード（プロペラ）

ローターの回転により，ブレードが回転し，機体を持ち上げる揚力を発生させる．隣り合うローターは逆方向に回転するため，ブレードも同じように隣り合うブレードは逆方向に回転する．マルチコプターの場合，ブレードの回転数を変えることで揚力を変化させる．回転速度は，時速 100 km を超える．

### ○ローター（モーター）

マルチコプターで最も重要なパーツである．ヘリコプターの場合，エンジンをローターにしているが，マルチコプターの場合は電気モーターである“ブラシレス DC モーター”を採用し，高い応答性を実現している．

### ○衛星電波受信アンテナ

マルチコプターの高い安定性を実現した機能の 1

つが，衛星測位システムである．衛星電波受信センサーであるアンテナは，機体上部に内蔵されており，Phantom 3 の場合，GPS 衛星と GLONASS 衛星の電波を受信し，機体の正確な位置座標を計算している．屋内では衛星電波の受信はできない．

### ○フロントステッカー

機体のフロント方向が判別できるよう，フロント方向の 2 つのアームに貼られている．

### ○アーム

ローターと本体を接続している．内部には，基盤からローターへのケーブル等が収まっている．

### ○インテリジェントフライトバッテリー

無人航空機（UAV）の動力源として使用されているのは，**リチウムポリマーバッテリー**（**リポバッテリー**）である．リポバッテリーは過充電，過放電等に弱いため，それらの弱点を補うための「過充電保護，過放電保護，温度検知機能を備えた高性能なバッテリー」が開発されている．リチウムポリマーバッテリー（リポバッテリー）は，**発火や爆発の危険性があるため取扱いに注意**が必要である．

### ○フロント LED

飛行中に機体フロント方向が判別できるように点灯する．ただし，遠く離れると LED の明かりが判別できなくなるため，注意が必要である．

### ○カメラ

動画，静止画の撮影を行う．Phantom 3 Professionalでは，毎秒30フレームで4Kの超高解像度ビデオ撮影および1 200万画素（12メガピクセル）の写真撮影が可能である．撮影設定により，マルチショットや連続撮影等ができる．なお，Phantomシリーズのカメラは非着脱式である．

### ○ジンバル

ジンバルとは，センサーで機体の振動を感知して小型モーターで傾きを補正する装置のことである．Phantomシリーズでは，3軸ジンバルが採用されている．

### ○振動吸収ブッシュ

ブッシュ（ゴム製の部品）で機体の振動を吸収することで，カメラを保護する．

### ○ランディングスキッド

地面で機体を支える脚．スキッドの内部には，送信機（プロポ）と電波の受送信を行うアンテナがある．

**コメント**

UAV（ドローン）の部品点数は約3 000点といわれており，この点数は，ノートパソコンの部品点数とほぼ同数．また，数種類の精密センサーも内蔵されており，空飛ぶ精密機器といわれることも納得できる.

## 2-3　送信機（プロポ）の名称

UAV（ドローン）の飛行には，“プロポ”（プロポーショナルシステムの略）と呼ばれる送信機（コントローラー）を使用する．操作は2本のスティック（スティック，stick）と呼ばれる舵で行う．UAV（ドローン）の空中での動きを操作するため，送信機（プロポ，コントローラー）の機能を熟知しておく必要がある．

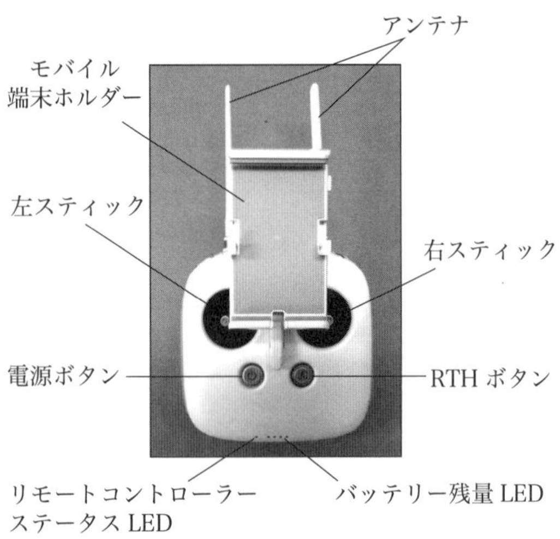


写真 2-4　送信機（正面）

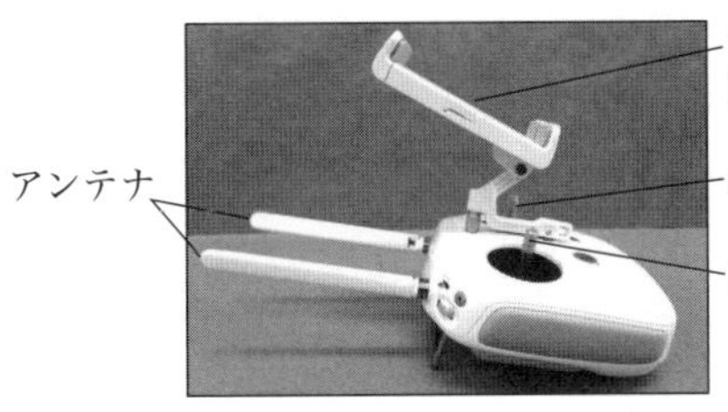


写真 2-5　送信機（側面）

### ○アンテナ

機体からの映像電波の発信および機体コントロールからの電波受信を行う．Phantom シリーズでは 2.4 GHz 帯の電波を使用し，伝送距離は 2 km 範囲をカバーできる．

### ○モバイル端末ホルダー

Phantom シリーズなどマルチコプターの機体とプロポは専用アプリを使って制御するため，それをインストールしたモバイル端末（スマホなど）が必要である．そのモバイル端末を固定するホルダーである．スマホのみでなく iPad などのタブレットも固定可能である．

### ○右スティック

機体を動かす舵．プロポの設定がモード 1 の場合，右スティックは上下移動と左右移動の動作を行う．

### ○左スティック

機体を動かす舵．プロポの設定がモード 1 の場合，左スティックは前後移動と左右旋回の動作を行う．

### ○ RTH ボタン

Phantom シリーズには，離陸した地点をホームポイントとして自動帰還させることのできる機能が備わっている．飛行中に RTH（Return To Home）ボタンを押すと，機体は離陸した地点に自動的に帰還する．ただし，ホームポイントを認識するには，衛星電波が安定して受信できていることが条件となる．また，電波干渉等により機体とプロポの接続が切れ，制御不能になった状態（ノーコン）などの非常時には，自動で RTH 機能が作動する（緊急時のサポート機能であり，過信は禁物である）．

### ○電源ボタン

送信機（プロポ）の電源ボタン．Phantom シリーズの場合，2 度押しでオンになる．

### ○バッテリー残量 LED

送信機（プロポ）のバッテリー残量を表示する LED．4 つの LED で残量を表示する．

### ○リモートコントローラーステータス LED

3 色（赤，緑，黄）の点灯/点滅で送信機（プロポ）の状況を表示する．

## 2-4　操縦方法

送信機（プロポ）の左右スティックで機体の操縦を行うが，設定によって 2 本のスティックに対する舵の割り当てが異なる．その舵の割り当てを「モード」という．

モードは，モード1からモード4まであるが，国内で市販されているUAV（ドローン）は“モード1”か“モード2”が主である．海外ではモード2が主流であるが，日本国内ではモード1を使用する操縦士が多い（ラジコンヘリコプターがモード1であったことが影響しているといわれている）．

本書では“モード1”による操縦方法を説明する．

**コメント**

海外製品のUAV（ドローン）を購入する際，モード設定の確認が必要である．モード変更ができず，モード2固定のUAV（ドローン）が存在する．日本国内では“モード1”で使用する操縦士が多いため，書物はもちろんのこと，各種講習会でも“モード1”での説明および実技が行われることが多い．モード1とモード2の両方の操縦ができるようになるのは非常に難しく，また，事故などのトラブルの原因にもなる．

コメント

“モード1” と “モード2” の違い.

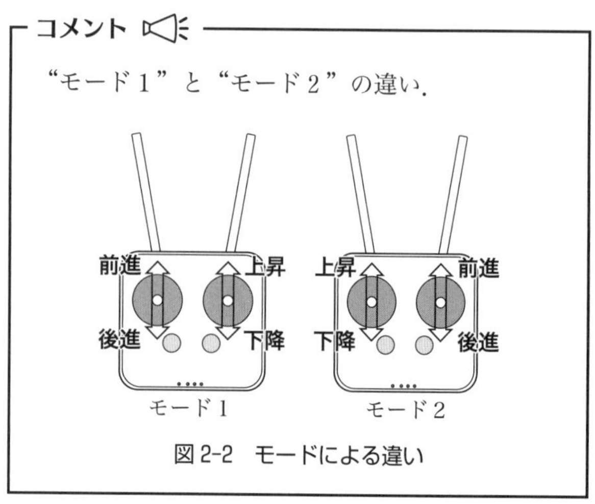


図 2-2　モードによる違い

UAV（ドローン）の動作には，航空機の操縦で使用される呼称を用いる．各種の呼称は，**表 2-1** のとおりである．

表 2-1　各種の動作とその呼称

| 機体の動作 | 操縦の呼称 |
|---|---|
| 前後の動き | エレベーター |
| 上下の動き | スロットル |
| 左右の動き | エルロン |
| 左右の旋回 | ラダー |
| 左右の傾き | ロール |
| 左右傾き角度 | バンク角 |
| 回転 | ヨー（ヨーイング） |
| 機首の方角 | ヘディング |
| 上昇 | クライム |
| 下降 | ディセンド |
| 機首変更 | ターン |
| 離陸 | テイクオフ |
| 着陸 | ランディング |

モード1のスティック操作による機体の動作は，下記のとおりである．

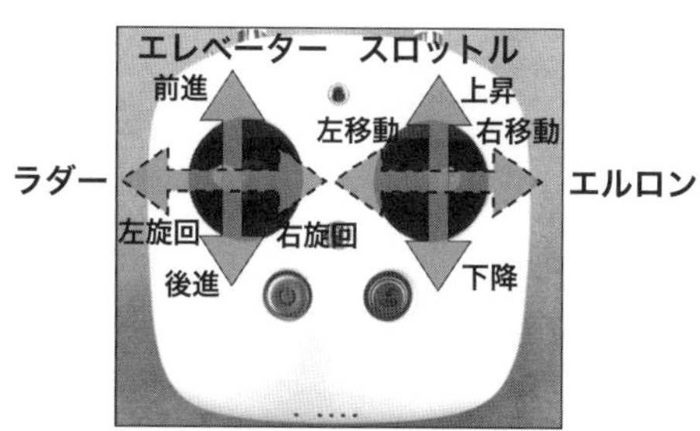


写真 2-6　送信機（スティック）

各スティックの操作と機体の動作は，以下に示すとおりである．実際の飛行では，2つのスティックを使って4つの動作を同時に行うため，十分な練習が必要である．

① **スロットル**（右スティック：機体の**上昇**，**下降**）

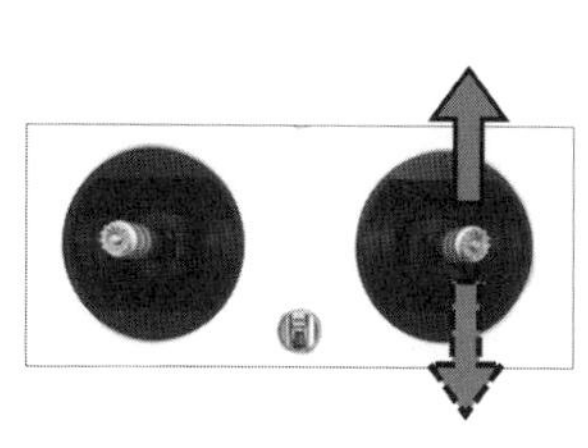

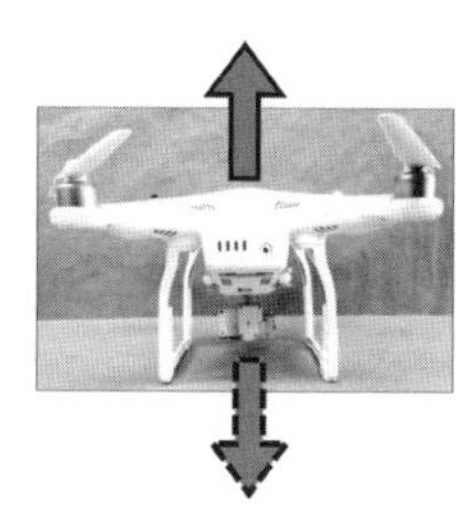

写真 2-7　スティックと機体の動き①

② **エルロン**（右スティック：機体の**右移動，左移動**）

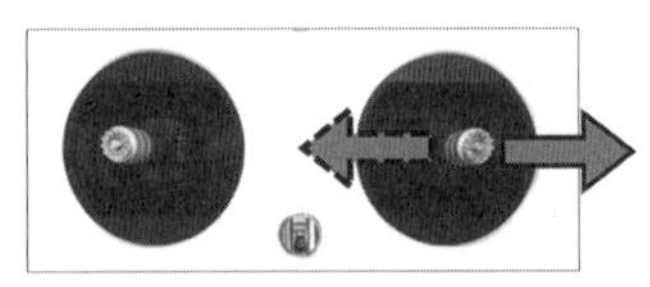

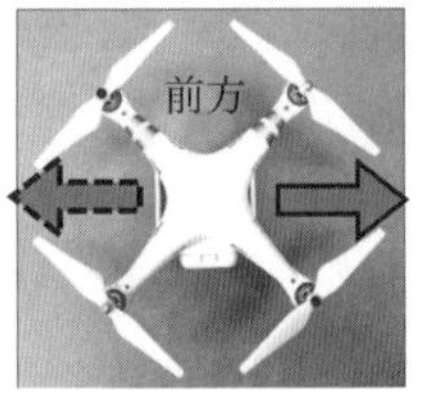


写真 2-8　スティックと機体の動き②

③ **エレベーター**（左スティック：機体の**前進，後進**）

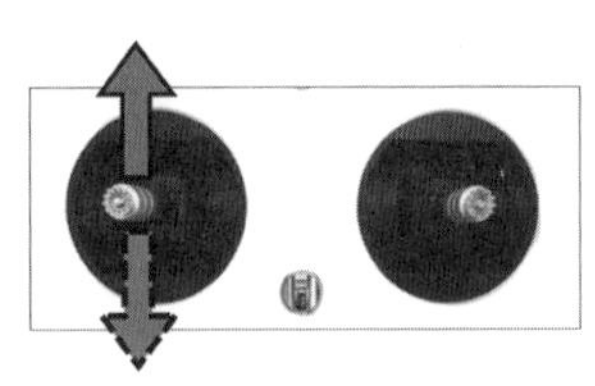

写真 2-9　スティックと機体の動き③

④ **ラダー**（左スティック：機体の**右旋回，左旋回**）

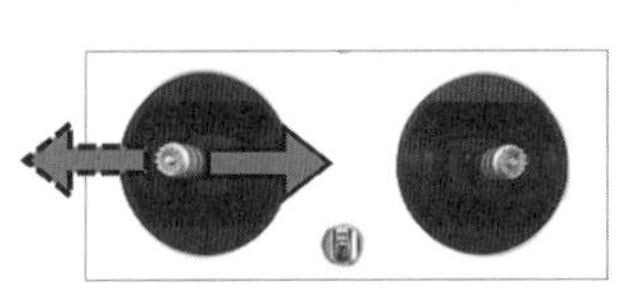

写真 2-10　スティックと機体の動き④

# 第3章　飛行原理



機体が空中に浮上するには，機体重量（重力）以上の力（揚力）を得る必要があり，空中を移動するには機体が受ける抵抗力（抗力）以上の力（推力）が必要である．

## 3-1　機体の動き

UAV（ドローン）が安定して飛行できるのは，複数のローターの回転による．ヘリコプターはローターが１つしかない（シングルローター）ため，ローターが回転するとその反作用の力が働き，機体がローターと逆方向に回ろうとする力（反トルク）が発生し，機体が回転する．そのため，反作用の力を打ち消す力を発生させるため，尾翼にテールローターと呼ばれるローターを搭載することで，機体の不必要な回転を防いでいる．マルチコプターの場合，隣り合うローターが逆回転させることで，この反作用の力を打ち消している．

ブレードの回転は，時計回りを「**クロックワイズ（C. W）**」，反時計回りを「**カウンタークロックワイズ（C. C. W）**」と表現する．

図 3-1　ブレードの回転

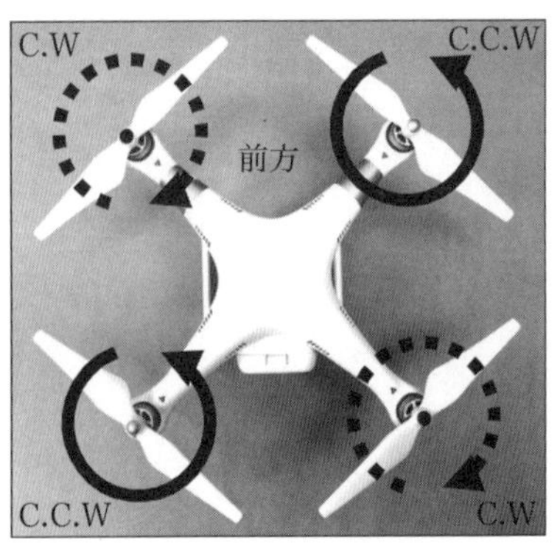


写真 3-1　ブレードの回転方向①

マルチコプターの場合，それぞれのローターの回転速度を制御することによって機体の複雑な動作が可能となっている．各ローターの回転速度と機体動作の関係は，**表 3-1** のようになる．

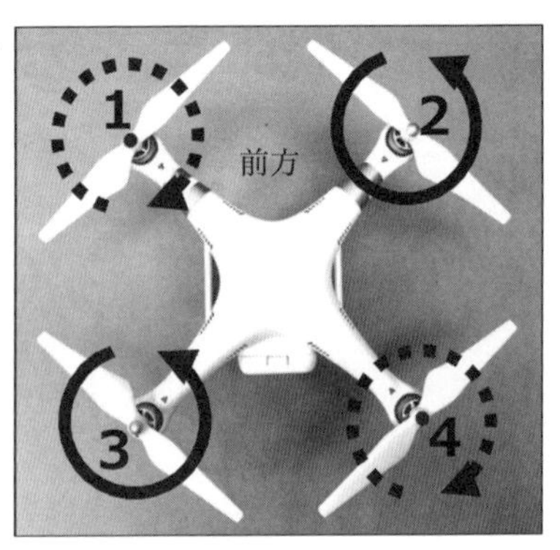


写真 3-2　ブレードの回転方向②

表 3-1　ブレード回転と機体の動き

| スティックの動き | ローター（ブレード）の回転 | 機体の動き |
|---|---|---|
| スロットルを上に倒す | 1，2，3，4 の回転速度が速くなる | 上昇 |
| スロットルを下に倒す | 1，2，3，4 の回転速度が遅くなる | 下降 |
| エレベーターを上に倒す | 1，2 の回転速度が遅く，3，4 の回転速度が速くなる | 前進 |
| エレベーターを下に倒す | 1，2 の回転速度が速く，3，4 の回転速度が遅くなる | 後進 |
| エルロンを右に倒す | 1，3 の回転速度が速く，2，4 の回転速度が遅くなる | 右移動 |
| エルロンを左に倒す | 1，3 の回転速度が遅く，2，4 の回転速度が速くなる | 左移動 |
| ラダーを右に倒す | 1，4 の回転速度が遅く，2，3 の回転速度が速くなる | 右旋回 |
| ラダーを左に倒す | 1，4 の回転速度が速く，2，3 の回転速度が遅くなる | 左旋回 |



## 3-2　機体浮上の仕組み

固定翼機，回転翼機とも翼（またはブレード）に揚力を発生させることで，機体を持ち上げる．翼またはブレードの上の流速（空気の流れの速さ）が速く，下の流速が遅くなると，翼の下方より上方の気圧が低く

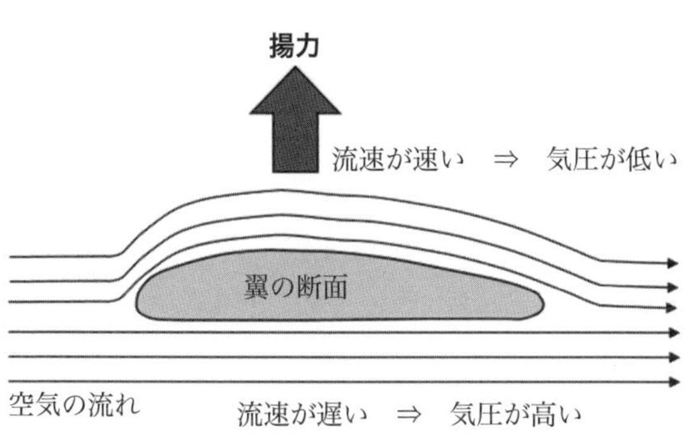


図 3-2　揚力

なるため，翼が気圧の低い方に引っ張られる現象（揚力）が発生し，機体が持ち上げられる．

揚力は翼の進行方向に対して垂直方向に発生する．翼の角度（ピッチ）を大きくすると翼上方の流速が速くなり大きな揚力を得ることができる．

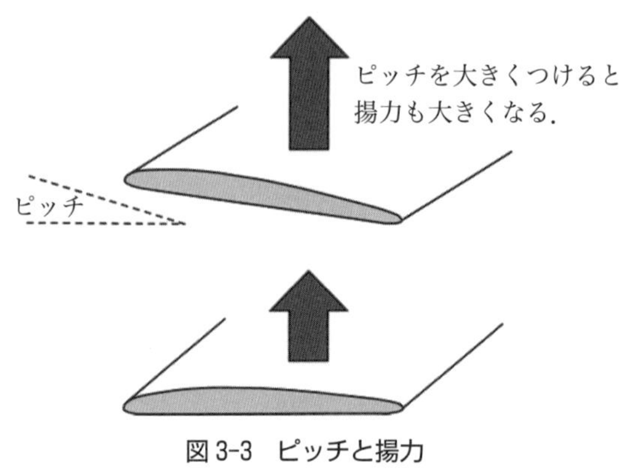


図 3-3　ピッチと揚力

飛行機の場合，エンジンの力で前進することで翼に流速を与え，翼後方の補助翼のピッチを変更することで大きな揚力を得て，機体を浮上させる．

ヘリコプターの場合は，ブレードに可変ピッチという仕組みが備わっており，ローターの回転数を一定に保ったままブレードのピッチを変えることで揚力を調整し，機体を浮上させる．

マルチコプターの場合，ブレードの角度が固定されている（固定ピッチ）ため，ピッチの変更はできない．そのため，ローターの回転数を変えることで揚力を調整し，機体を浮上させる．揚力を変化させるためには，すべてのローターの回転数を常に精密に変化させる必要があるため，ローターの制御には「ESC」(Electronic Speed Controller）というコントローラーが備わっている．

**コメント**

マルチコプターは，固定ピッチのため，ローターの回転数を変化させることで揚力を調整する．つまり，回転数を上げることで機体が上昇し，回転数を下げることで機体が下降する．機体を降下させる場合，目視によって機体の降下に合わせたローターの回転数を調整する．降下時に上昇気流（下から上に風が吹く状態）が発生した場合，機体に浮力が発生し，ローターの回転数を下げても機体が思うように降下しなくなる．さらに回転数を下げることで，(回転数が極端に下がる)，機体の姿勢が制御できなくなり墜落事故が発生する場合がある．このため，**マルチコプターは上昇気流に弱い**ということをよく理解し，着陸時や強風時の飛行には注意する必要がある．

## 3-3　機体に働く力

飛行中の機体には，４種類の力が作用している．マルチコプターの場合，動く方向によって作用する力が変化するため，ここでは固定翼の機体を例にして説明する．

４つの力とは，機体を持ち上げようとする力「**揚力**」，地球から引っ張られる力「**重力**」，前進しようとする力「**推力**」，推力を妨げる力「**抗力**」である．

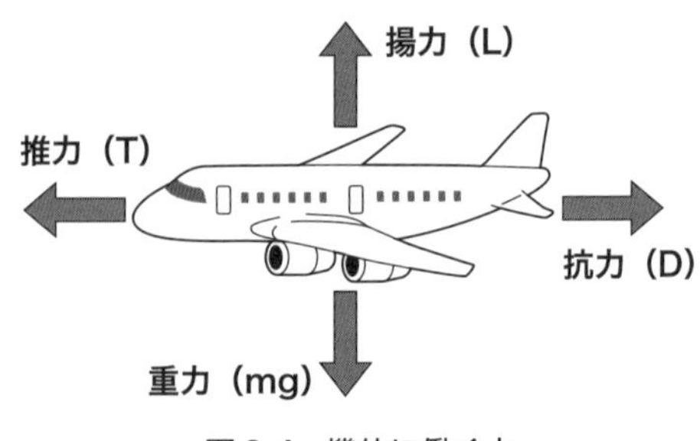


図 3-4　機体に働く力

空中での飛行には，これら 4 つの力のバランスが重要である．重力よりも揚力が大きくなれば上昇するし，抗力より推力が大きくなれば前進する．

ヘリコプターやマルチコプターは飛行機と異なり，4 つの力のバランスを調整することで，**ホバリング**（hovering：空中浮揚，空中静止）が可能である．また，マルチコプターの場合，方向転換することなく，どの方向にも移動が可能であることから，推力の方向は常に変化する．そのため，操縦による急な動作変更を行うと 4 つの力のバランスが崩れ，墜落する場合がある．

また，飛行機の場合，進行速度が低下（推力が低下）すると失速につながり，墜落する．ヘリコプターやマルチコプターの場合は，進行速度が速く（推力が増す）なると失速し，墜落する．これは，速度を上げるとブレードに当たる風が大きくなり，“ブレードストール”という現象が発生し，機体は失速し墜落する．そのため，ヘリコプターやマルチコプターには機種ごとに最高速度が規定されている．

## 3-4　センサー

UAV（ドローン）の最たる特徴は，安定した飛行を実現したことにある．本体には数多くの高性能センサーが搭載されており，コンピュータ制御により各センサーから得られたデータを瞬時に演算することで機体が安定する．

機体を安定させる装置は，「機体の位置を安定させる**位置安定装置**と機体の姿勢を安定させる**姿勢制御装置**」の大きく 2 種類に分けられる．

それぞれの装置センサーは以下のとおりである．

**○位置安定装置**

**・衛星測位システム**

衛星から発信されている電波を受信し解析することで，地球上での三次元位置を演算するシステム．現在の UAV（ドローン）では，アメリカの GPS 衛星のほか，ロシアの GLONASS 衛星などの電波も受信・解析している．

**・コンパス（地磁気センサー）**

衛星測位システムでは，緯度・経度・高度を計測できるが，機体の向きがわからない．そこで，精密な地磁気センサーを使用したコンパスを搭載することで，進行方向を計測している．

**・高度センサー，気圧センサー**

衛星測位システムでは，水平方向の測位精度よりも垂直方向の測位精度が低下する．そのため，着陸時など垂直方向の高い測位精度が必要なことから，高度センサー・気圧センサーを併用し精度を高めている．

**・ビジョン ポジショニング システム**

低空時や衛星電波の受信ができない状況では，機体下部（底面）に装備されているカメラと超音波センサーを用いて地表面に対する移動方向や距離を計測している．Phantom 3 などの機種にはこれが搭載されている．

**○姿勢制御装置**

**・ジャイロセンサー**

ジャイロセンサーは，3 軸（数学的には X，Y，Z．航空用語ではヨー軸，ピッチ軸，ロール軸）方向の角速度を検出するセンサーである．角速度とは「物体が回転する速度，すなわち単位時間当たりの角度移動量」のことである．ジャイロセンサーにより，機体の回転を計測している．

**・加速度センサー**

加速度を検出するセンサーである．機体移動の加速度と機体にかかる重力加速度を計測して，機体の位置（X，Y，Z）を検知する．加速度センサーにより，機体の速度変化と傾きを計測している．

**コメント**

ヨー軸，ピッチ軸，ロール軸の回転を検出するのがジャイロセンサー．軸方向の移動変化および傾きを検知するのが加速度センサー．

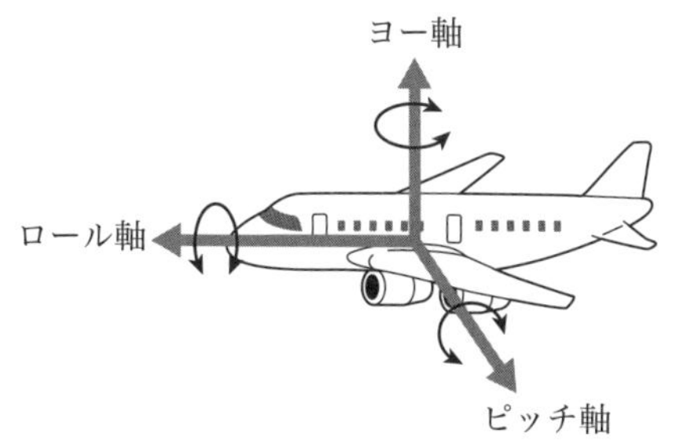


図 3-5　機体の 3 軸

スマホの画面を 90° 傾けると画面も傾く動作は，加速度センサーによってスマホにかかっている重力加速度から回転を検知し，画面を傾けている．

UAV（ドローン）の機体を安定させるには，姿勢制御装置が重要である．



## 3-5　航空機の速度

航空機の速度には，**対地速度**と**対気速度**の 2 種類がある．

**対地速度**とは，地面や海面などの静止している状態から見た相対速度のことであり，地上や海上を移動する通常の乗り物などの速度のことである．

**対気速度**とは，大気中を飛行する航空機と大気（空気）との相対速度である．つまり，**対地速度＋風速が**

**対気速度**となる.

風向きと速度の関係は,**図 3-6**,**図 3-7** のようになる.

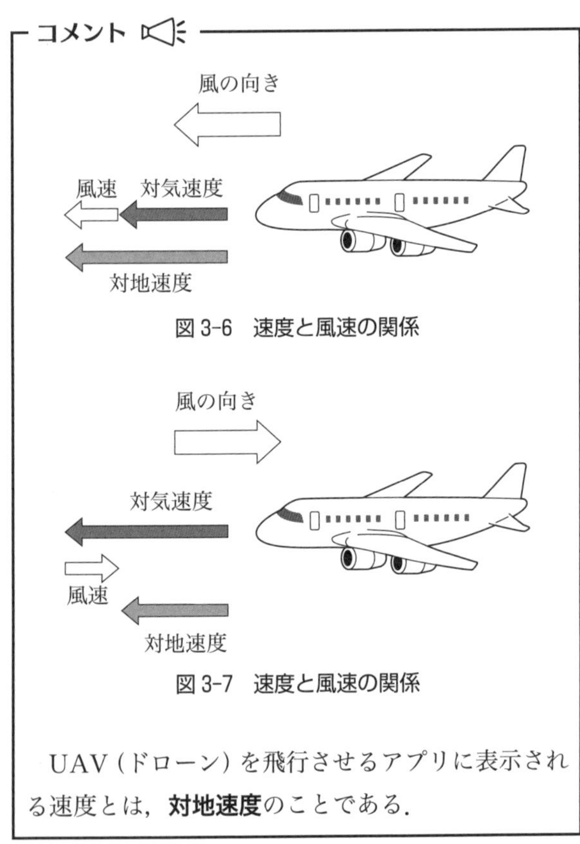


図 3-6　速度と風速の関係

図 3-7　速度と風速の関係

UAV(ドローン)を飛行させるアプリに表示される速度とは,**対地速度**のことである.

## 3-6　UAV（ドローン）の最高速度

一般的なUAV（ドローン）の最高速度は，以下のとおりである（インターネットサイト情報）．

表 3-2　一般的な機体の諸元の例

| 機　種 | 重量<br>（バッテリー含む） | 最大飛行時間<br>（バッテリー持続時間） | **最高速度<br>(km/h)** |
|---|---|---|---|
| 機種A | 1280 g | 23 分 | 57 km/h |
| 機種B | 1375 g | 30 分 | 72 km/h |
| 機種C | 3440 g | 27 分 | 94 km/h |

最大飛行時間および最高速度は最適条件（海抜0 m，無風時）のときの値である．実際の条件では風や気圧の変化等があるため，これらの値の80 %が実際の数値と思っておいた方がよい．

そこで，プロポと機体との電波最大伝送距離を無視した場合，1個のバッテリーを使用して最高速度で飛行した場合の飛行距離は，以下のようになる．

表 3-3　飛行距離の例

| 機　種 | 実際の最大飛行時間<br>（80 %で計算） | 実際の最高速度<br>（80 %で計算） | 最大飛行<br>距離<br>（km） |
|---|---|---|---|
| 機種A | 23 分× 0.8 = 18 分 | 57 km/h × 0.8<br>= 45 km/h | 13.5 km |
| 機種B | 30 分× 0.8 = 24 分 | 72 km/h × 0.8<br>= 57 km/h | 22.8 km |
| 機種C | 27 分× 0.8 = 21 分 | 94 km/h × 0.8<br>= 75 km/h | 26.2 km |

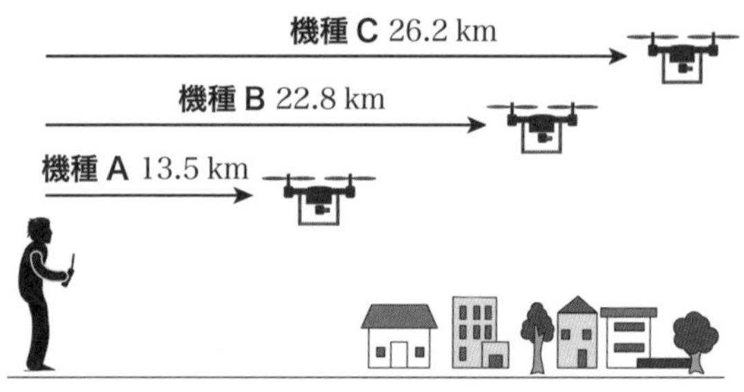


図 3-8　飛行距離の例

ちなみに，ヘリコプターの最高速度は，200 km/h 以上の機体が多い．

# 第4章　バッテリーについて



電動式のUAV（ドローン）の動力源として使用されているのは，「**エネルギー密度が高く，大容量・大出力・軽量**」という特徴のある**リチウムポリマーバッテリー（リポバッテリー）**である．しかし，リチウムポリマーバッテリーは可燃性の液体を使用しているため，非常にデリケートなバッテリーである．そのため，取扱いには十分な注意が必要であり，その特性をよく理解することが重要である．

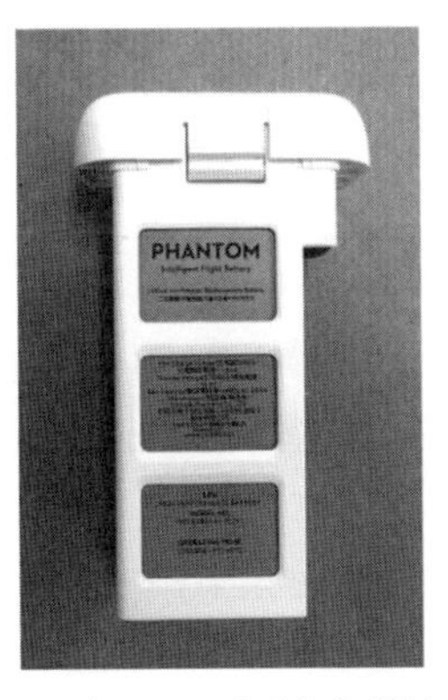


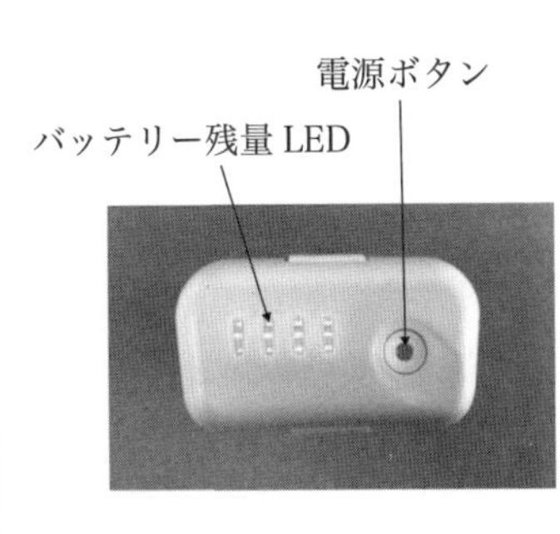


写真4-1　リチウムポリマーバッテリー（リポバッテリー）

## 4-1　リチウムポリマーバッテリーの特性

リチウムポリマーバッテリーは，小型・軽量であり，出力電流が大きい（起電力が高い）．つまり，大容量かつエネルギー密度の高いバッテリーである．また，他のバッテリーに見られる「メモリー効果」(使い切らない状態で充電を行うと，本来の出力性能が発揮できない現象で，バッテリー寿命が短くなるような現象）がないのが特徴で，軽量かつ高い起電力を必要とするUAV（ドローン）には最適である．

## 4-2　リチウムポリマーバッテリーの注意事項

リチウムポリマーバッテリーは，電解質として可燃性の高分子ポリマーを使用している．**使い方を誤ると発火や爆発する危険性**がある．以下の注意事項をよく理解することが発火や爆発の危険を回避する術である．

- **過充電，過放電に弱い**
- **衝撃に弱い**
- **長期保存，長期使用には向かない**
- **保管時は，容量の60％程度に充電された状態にする**
- **満充電の状態での保管は，電圧が上昇しバッテリーが膨らむ可能性がある**
- **外観が膨らんだバッテリーは，爆発する危険性があるため使用しない**
- **充電は，必ず専用の充電器を使用する（バランス充電を行う）**
- **使用率の約80％を超えると，急に電力が低下する（バッテリーの出力低下による墜落）**
- **低温時にバッテリー電圧の低下が起こる**

# 第 5 章　トラブルについて



手軽に飛行させることができ，高所から 360° パノラマ映像として撮影できるなど，UAV（ドローン）には新しい魅力がある．しかし，空中を飛行するということは，地上の動きとは全く違うため，トラブル等のリスクが高い．「**UAV（ドローン）は落ちるもの**」という前提で安全を最優先させる必要がある．

UAV（ドローン）の中には，トラブル発生時に安全な飛行を行うための安全機能（フェールセーフ機能）を備えている機種もあるが，あくまで補助的機能としてとらえる必要がある．飛行時に起こりうるトラブルを事前に想定しておくことが，トラブル回避対策として重要であることから，以下のトラブル要因例を参考願いたい．

## 5-1　UAV（ドローン）に関連する要因

### ○バッテリー切れ

飛行前の残量確認漏れ，飛行時の残量不足，低温時の電圧低下など，バッテリーの電圧低下による墜落．

### ○電波トラブル

UAV（ドローン）の機体は，送信機（プロポ）からの電波によって操縦を行うため，電波トラブルが発生するとコントロールできない状態（ノーコン）

となる場合があり，重大な事故の原因となる．そのため，高圧鉄塔，送電線や電波塔の近くなどの電波障害を受けやすい場所や，近隣で同時に多くのUAV（ドローン）を飛行させる場合など混信の起こりやすい状況を避ける必要がある．

### ○衛星電波受信エラー

安定した飛行を行うために必要な衛星測位システムが，上空の障害物や近傍の強い電磁波により，いきなり衛星電波の受信エラーが発生し，不安定な飛行になることがある．

## 5-2　人的な要因（操縦者）

### ○整備不良

日常点検項目として，「**部品や通信状態の確認，飛行前点検による機体の状態，バッテリー残量，各種パーツの取り付け状況や通信状態の確認，飛行後点検による機体の状態の確認**」などは常に点検する．不良箇所等が見つかった場合には，無理に飛行せず，修理等の対策を講じることが重要である．また，ファームウェア（firmware；装置に組み込まれたソフトウェア）や専用アプリを使用している場合は，常に最新バージョンに更新しておくことも重要．

### ○障害物への接触

操縦ミスによる障害物との接触による制御不能からの墜落．

### ○体調不良時の飛行

風邪やアルコール等の摂取時には注意力や判断力が低下することで，ドローンの正常な飛行に影響を与える恐れがある．体調がすぐれないときには飛行しないことが重要である．

## 5-3　外的な要因（気象）

### ○降水・雷・気温

UAV（ドローン）は飛ぶ精密電子機器である．多くのUAV（ドローン）には，防水・防塵機能を備えていないため，雨，雷，濃霧，雪は故障等の原因となるため，悪天候時の飛行は避けるべきである．また，飛行中に急な雨や霧，雷が発生したときには，故障あるいは電波障害による墜落の危険性があるため，直ちに飛行を中止すべきである．

夏場は高温による精密機器の熱暴走，冬場は低温によるバッテリー電圧の低下による墜落等のリスクが高まるため，バッテリーの温度管理も重要である．

### ○強風・突風

UAV（ドローン）は，高性能な機体制御装置によって安定した飛行が実現できている．しかし，制御装置が対応できる機体の姿勢には限度があり，その限度を超えると安全装置が作動し，ローターが非常停止する機能がついている．飛行時に強風や突風で機体があおられた場合などに安全装置が作動して，ローターが非常停止することによって墜落することがある．

また，地上付近と上空では風の強さと向きが異なる場合があるため，予想外の風に注意を払う必要がある．

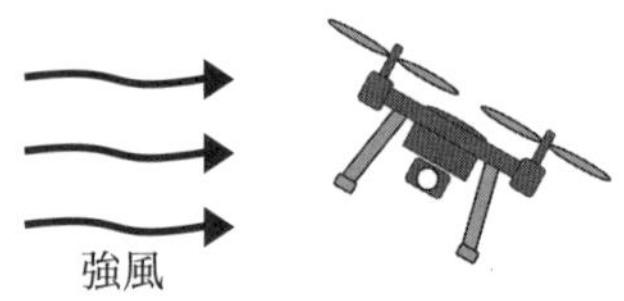


図 5-1　強風による機体の姿勢

**コメント**

多くのUAV（ドローン）には，フェイルセーフ機能が備わっている．フェイルセーフ機能とは，障害が発生した場合に安全を確保するために制御する機能であり，いわゆる安全装置ということができる．

例えば，UAV（ドローン）が一定以上に傾いた場合にローターを停止する．送信機との電波接続が途絶えたときに離陸した場所に自動帰還（リターントゥーホーム）する．その場で着陸（ランディング）するなどがある．

### ○セットリングウィズパワー

回転翼機の場合，ブレードの回転によって下向きの風がつくられる．これを「**ダウンウォッシュ**」と呼ぶ．機体の降下時には，下から風が当たるようになるが，ダウンウォッシュにより上向きの風が下向きの風に変えられるため，空気の乱れが発生しブレードの下に渦状の風が発生する．これを「**ボル**

**テックスリング**」という．この状態になると，ブレード周辺は乱れた空気が存在し，機体が揚力を失う状態となる．この状態を「**セットリングウィズパワー**」と呼び，非常に危険な状態である．このような状態になった場合には，前進加速で空気の乱れた領域から脱出するしかない．

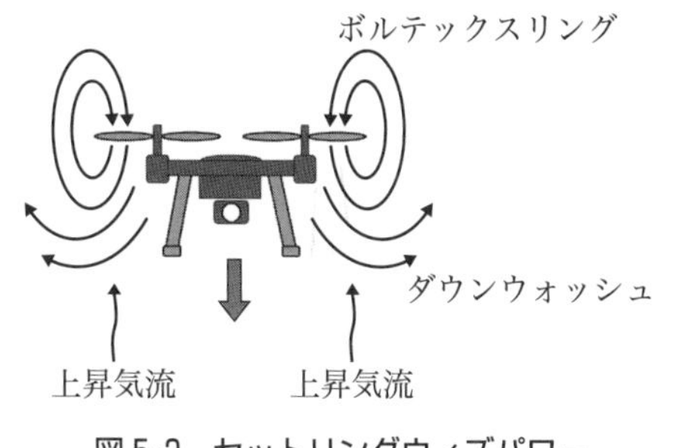


図 5-2　セットリングウィズパワー

### ○地面効果

回転翼機の着陸時に，ダウンウォッシュにより機体と地面の間の空気が圧縮されることで，機体の揚力が増す現象が発生する．これを「**地面効果**」と呼ぶ．地面効果により，着陸の瞬間に機体が持ち上げられることにより不安定な状態となることがあり，注意が必要である．

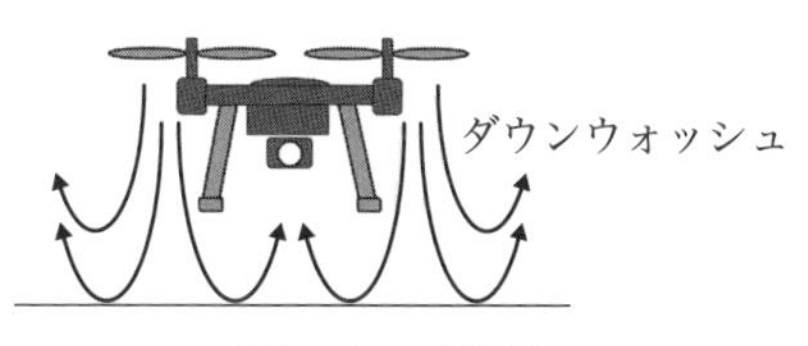


図 5-3　地面効果

## 5-4　トラブル回避の心得

UAV（ドローン）利用によるトラブル回避のためには，下記の心得を常に意識することが大切．

**○法律を遵守すること！**

無人航空機の操縦者は，「航空法」，「民法」など飛行に関連する法律を遵守する必要がある．

**○人に被害を与えないこと！**

回転翼機は，高速回転するブレードによって飛行する機体である．人にあたると大変なことになる．

**○社会に損害を与えないこと！**

飛行場所や操縦方法によっては，鉄道，送電線，航空機など社会インフラに対しての妨害物となりうる．

**○プライバシーへの配慮をすること！**

空中を飛行できるため，私有地への侵入，あるいは勝手な撮影などは，プライバシーの侵害にあたる．

**○故意に墜落させることも必要！**

危険を回避するためには，（状況によって可能であるならば），故意に墜落させることで危険を回避させることも必要．

**○操縦技術を磨くこと！**

常に操縦技術の訓練をすることが必要である．トイドローンを使用して繰り返し屋内練習を積むことも操縦技術の上達には非常に有効.

### ○機体のメンテナンスを心掛けること！

機体は精密機器である．飛行前および飛行後には機体の状態の確認と日常的に細かな部品のメンテナンスを心掛けることが必要.

1章 2章 3章 4章 5章 6章 7章 8章 9章 10章 11章 12章

**コメント**

**—電波の伝送区域について—**

送信機（プロポ）と機体との電波伝送は，アンテナと機体との相対的な位置関係により強弱が発生する．そのため，電波混信等の発生確率が高まり，操縦不能となる可能性がある．飛行中には，アンテナと機体との最適な伝送区域を考慮しながら，アンテナの向きを調整する必要がある.

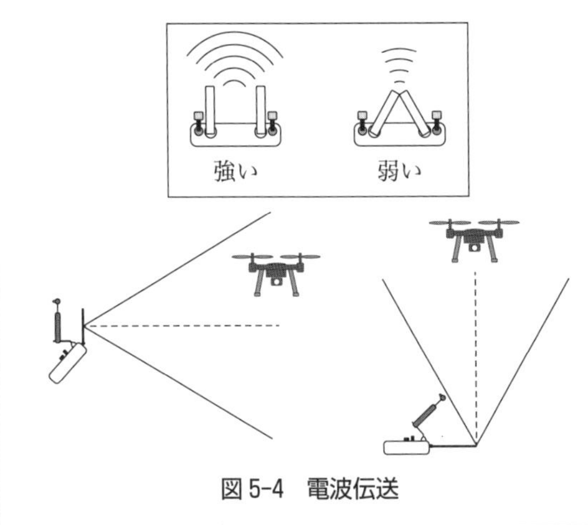


図 5-4　電波伝送

メモ欄

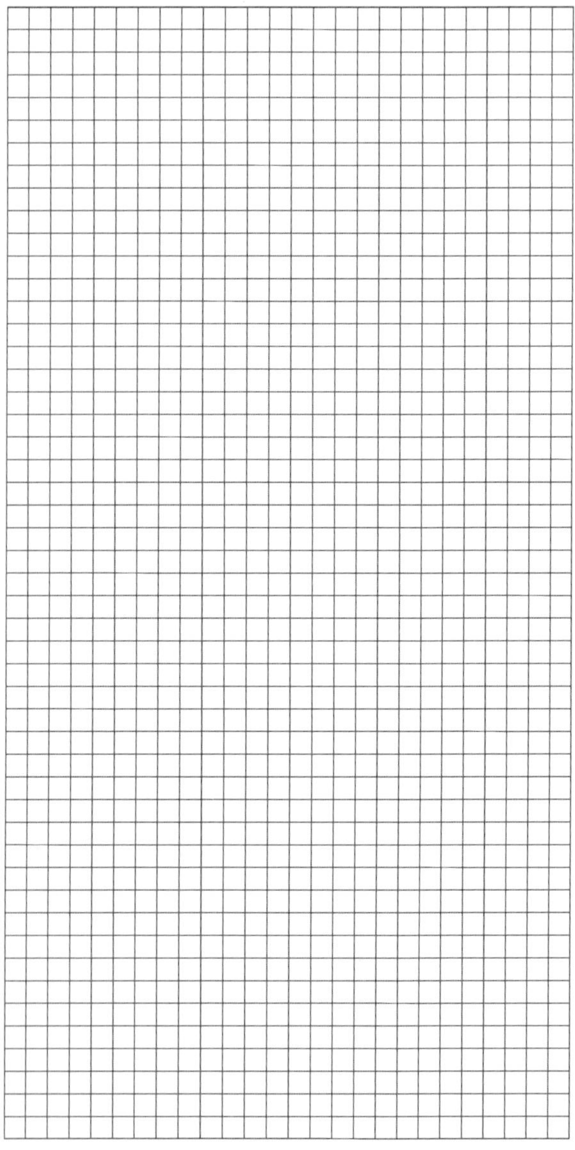

# 第6章　関連する法律

2015年12月に「改正航空法」が施行され，**重量が200 g以上の無人航空機の飛行には航空法に従わなければいけない**．

## 6-1　航空法

航空法では，無人航空機の飛行に関して**許可が必要となる飛行禁止空域**と**承認が必要となる飛行方法**を定めている．

### 6-1-1　無人航空機の飛行禁止空域

航空法では無人航空機の飛行禁止空域を「航空法　第九章　無人航空機　第百三十二条」により，下記のように定めている．

> **第九章　無人航空機**
>
> （飛行の禁止空域）
>
> **第百三十二条**　何人も，次に掲げる空域においては，無人航空機を飛行させてはならない．ただし，国土交通大臣がその飛行により航空機の航行の安全並びに地上及び水上の人及び物件の安全が損なわれるおそれがないと認めて許可した場合においては，この限りでない．
>
> 一　無人航空機の飛行により航空機の航行の安全

に影響を及ぼすおそれがあるものとして国土交通省令で定める空域
二　前号に掲げる空域以外の空域であつて，国土交通省令で定める人又は家屋の密集している地域の上空

「航空法」 抜粋 6-1

上記条文の「航空機の航行の安全に影響を及ぼすおそれがあるもの」として，「航空法施行規則　第九章　無人航空機　第二百三十六条」により，下記の通り定められている．

**第九章　無人航空機**
（飛行の禁止空域）
**第二百三十六条**　法第百三十二条第一号の国土交通省令で定める空域は，次のとおりとする．
一　進入表面，転移表面若しくは水平表面又は法第五十六条第一項の規定により国土交通大臣が指定した延長進入表面，円錐表面若しくは外側水平表面の上空の空域
二　法第三十八条第一項の規定が適用されない飛行場の周辺の空域であつて，航空機の離陸及び着陸の安全を確保するために必要なものとして国土交通大臣が告示で定める空域
三　前二号に掲げる空域以外の空域であつて，地表又は水面から百五十メートル以上の高さの空域

「航空施行規則」 抜粋 6-1

また，「人または家屋の密集している地域」として，「航空法施行規則　第九章　無人航空機　第二百三十六条の二」により，下記の通り定められている．

> **第九章　無人航空機**
> （飛行の禁止空域）
> **第二百三十六条の二**　法第百三十二条第二号の国土交通省令で定める人又は家屋の密集している地域は，国土交通大臣が告示で定める年の国勢調査の結果による人口集中地区（地上及び水上の人及び物件の安全が損なわれるおそれがないものとして国土交通大臣が告示で定める区域を除く．）とする．

「航空施行規則」　抜粋 6-2

無人航空機の飛行禁止空域をまとめると，以下の通りとなる．

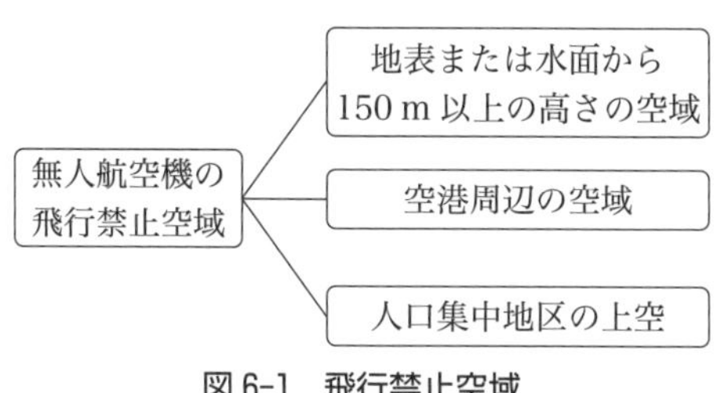


図 6-1　飛行禁止空域

国勢調査は 5 年ごとに行われ，その結果により人口集中地区（DID 地区）が設定される．飛行禁止空域も 5 年ごとに変更されることになる．また，飛行禁止空

1章 2章 3章 4章 5章 6章 7章 8章 9章 10章 11章 12章

域とは，「私有地の上空であっても適用されること」に注意が必要である．ただし，完全に区切られた屋内（防護ネットで囲われた空間も含む）は，航空法の適用外となる．

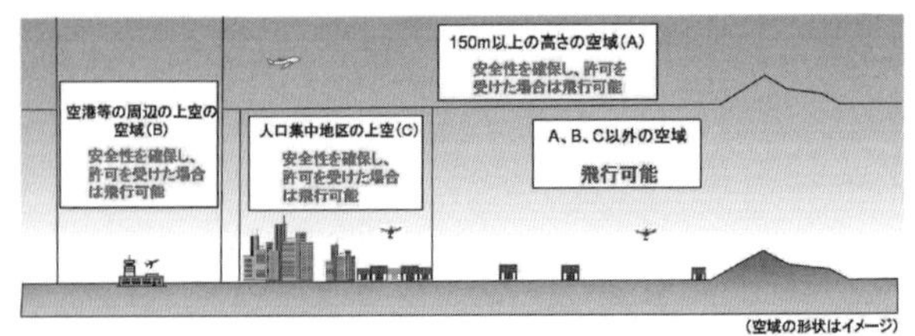


図 6-2　飛行禁止空域（国土交通省 HP より）

飛行禁止空域における無人航空機の飛行には，国土交通大臣の許可が必要である．

### ⑴空港周辺

空港周辺では航空機は安全に航行できるよう，空港の規模や滑走路の方向によって細かく飛行空域が設定されており，制限表面（その面より上の空間に建造物などの物件を設置できない面）が設定されている．この制限表面より上空においてUAV（ドローン）を許可なく飛行させることはできない．

制限表面の範囲と種類は複雑であるため，制限表面地域内での飛行を控えるべきである．

### ○進入表面

着陸帯の短辺に接続し，かつ，水平面に対し上

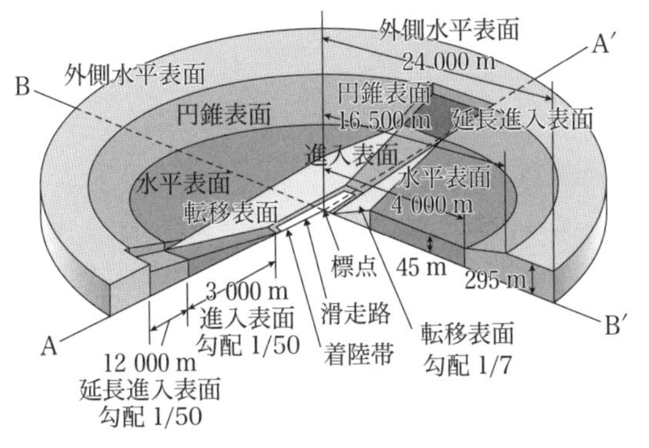


図 6-3　空港周辺の制限表面

方へ 50 分の 1 の勾配を有する平面であって，その投影面が進入区域と一致するもの.

進入区域とは，着陸帯の短辺の両端およびこれと同じ側における着陸帯の中心線の延長 3 000 m の点において中心線と直角をなす一直線上におけるこの点から 600 m の距離を有する 2 点を結んで得た平面をいう（航空法　第二条　第 7 項）.

### ○水平表面

飛行場の標高の垂直上方 45 m の点を含む水平面のうち，この点を中心として半径 4 000 m で描いた円周で囲まれた部分（航空法　第二条　第 8 項）.

### ○転移表面

進入表面の斜辺を含む平面および着陸帯の長辺を含む平面であって，水平面に対する勾配が進入表面または着陸帯の外側上方へ 7 分の 1 の平面でその末端が水平表面との接線になる部分（航空法　第二条　第9項）.

### ○延長進入表面

進入表面を含む平面のうち，進入表面の外側底辺，進入表面の斜辺の外側上方（勾配50分の1）への延長線および当該底辺に平行な直線でその進入表面の内側底辺からの水平距離が15000 mであるものにより囲まれた部分（航空法　第五十六条　第2項）.

### ○円錐表面

円錐表面は，水平表面の外縁に接続し，かつ，水平面に対し，外側上方へ50分の1の勾配を有する円錐面であって，その投影面が飛行場の標点を中心として16500 mの半径で描いた円周で囲まれるもののうち，航空機の離発着の安全を確保するために必要な部分として指定された範囲（航空法　第五十六条　第3項）.

### ○外側水平表面

円錐表面の上縁を含む水平面であって，その投影面が飛行場の標点を中心として24000 mの半径で水平に描いた円周で囲まれるもののうち，航空機の離着陸の安全を確保するために必要な部分として指定された範囲(航空法　第五十六条　第4項).

## ○空港別飛行禁止空域

① 新千歳空港，成田国際空港，東京国際空港，中部国際空港，大阪国際空港，関西国際空港，福岡空港，那覇空港

空港の周辺に設定されている進入表面，転移表面もしくは水平表面もしくは延長進入表面，円錐表面もしくは外側水平表面の上空の空域，進入表面もしくは転移表面の下の空域または空港の敷地の上空の空域．

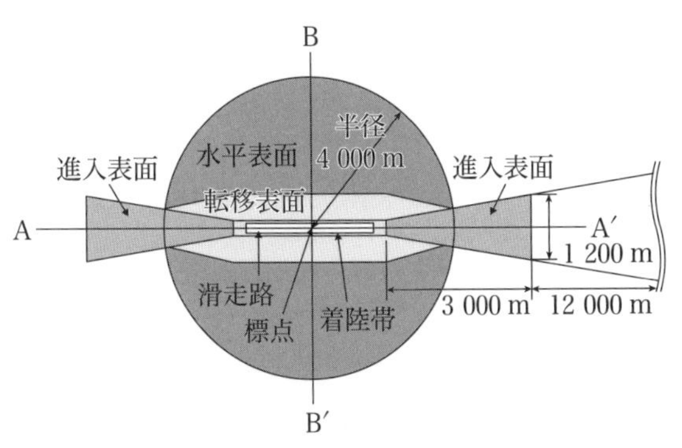


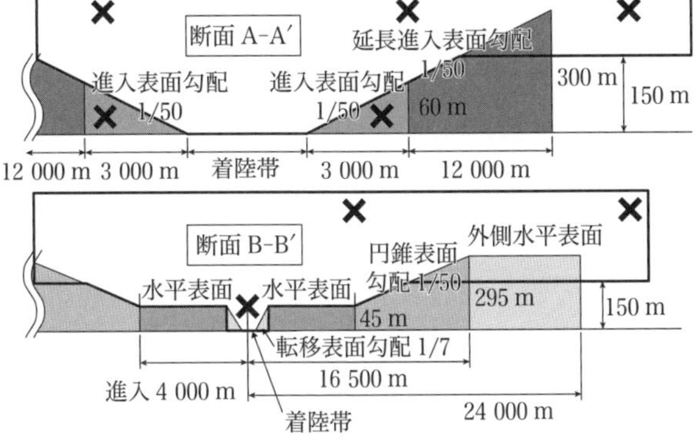


図 6-4　空港周辺　飛行禁止空域①

(出典) 国土交通省

1章
2章
3章
4章
5章
6章
7章
8章
9章
10章
11章
12章

② その他空港やヘリポート等

その他空港やヘリポート等の周辺に設定されている進入表面，転移表面もしくは水平表面または延長進入表面，円錐表面もしくは外側水平表面の上空の空域．

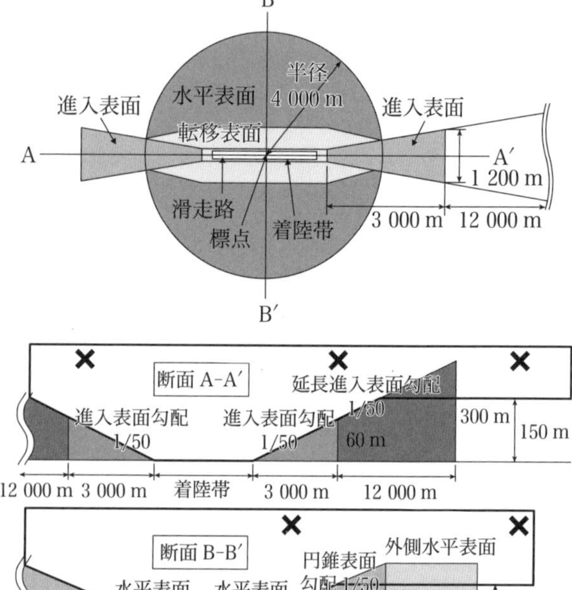


図 6-5 空港周辺 飛行禁止空域②
（出典）国土交通省

制限表面の範囲については，空港ごとに設定されているので，詳細については空港の設置管理者の担当窓口に照会する必要がある．

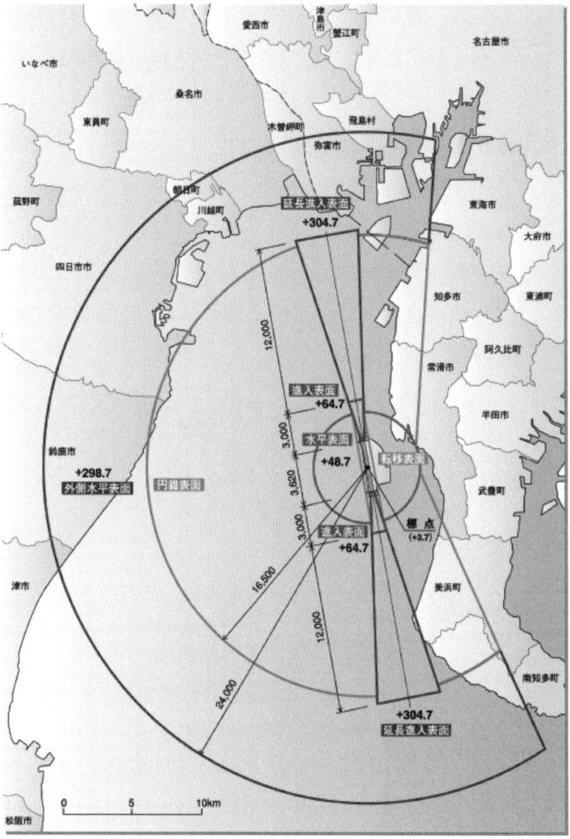

図 6-6　中部国際空港（セントレア）の制限表面図



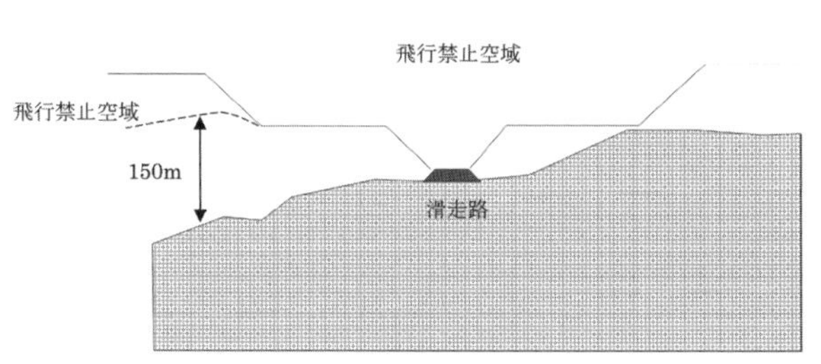


図 6-7　制限表面の断面

なお，制限表面は，滑走路がある地面の高さを基準として設定されているので注意が必要である．

### ⑵高さ 150 m以上の空域

高さ 150 m以上の空域とは，地表または水面から垂直方向に 150 m以上の空域である．飛行しているUAV（ドローン）の真下の地表または水面からの高さであるため，比高差のある場所での飛行には注意が必要である．

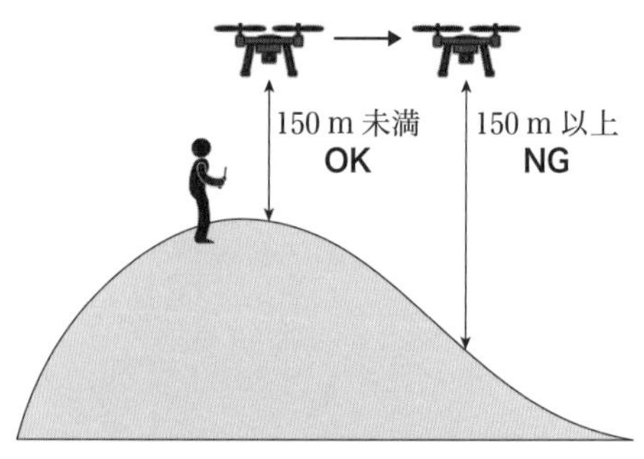


図 6-8　高さ 150 mの空域

**注意！**

機体重量 200 g 未満のUAV（ドローン）は，改正航空法において無人航空機から除外され，模型航空機に分類される．しかし，改正前の航空法においても，模型航空機であるUAV（ドローン）は航空機の飛行を阻害したり，航空機の飛行に危険を及ぼす可能性があるため，航空法の規制対象となっていた．

そのため，改正航空法が制定された後でも，200

g 未満の UAV（ドローン）は，航空法　第十章　第 134 条の 3　の規制が適用されるため，次の空域での飛行には注意が必要である．

**○航空機に影響を与える恐れのある空域や空港周辺地域**

**○地表または水面から 150 m以上の空域**

**第十章　雑則**

（飛行に影響を及ぼすおそれのある行為）

**第百三十四条の三**　何人も，航空交通管制圏，航空交通情報圏，高度変更禁止空域又は航空交通管制区内の特別管制空域における航空機の飛行に影響を及ぼすおそれのあるロケットの打上げその他の行為（物件の設置及び植栽を除く．）で国土交通省令で定めるものをしてはならない．ただし，国土交通大臣が，当該行為について，航空機の飛行に影響を及ぼすおそれがないものであると認め，又は公益上必要やむを得ず，かつ，一時的なものであると認めて許可をした場合は，この限りでない．

2　前項の空域以外の空域における航空機の飛行に影響を及ぼすおそれのある行為（物件の設置及び植栽を除く．）で国土交通省令で定めるものをしようとする者は，国土交通省令で定めるところにより，あらかじめ，その旨を国土交通大臣に通報しなければならない．

3　何人も，みだりに無人航空機の飛行に影響を及ぼすおそれのある花火の打上げその他の行為で地上又は水上の人又は物件の安全を損なうものとして国土交通省令で定めるものをしてはならない.

「航空施行規則」　抜粋 6-2

### ⑶人口集中地区の上空

人または家屋が密集している地域（人口集中地区）においては，無人航空機の不具合等による落下により，人および物件に対して危害を及ぼす可能性が高くなることから，**人工集中地区上空における無人航空機の飛行は禁止**されている.

なお，人口集中地区とは，5年ごとに実施される国勢調査の結果から一定の基準により設定され

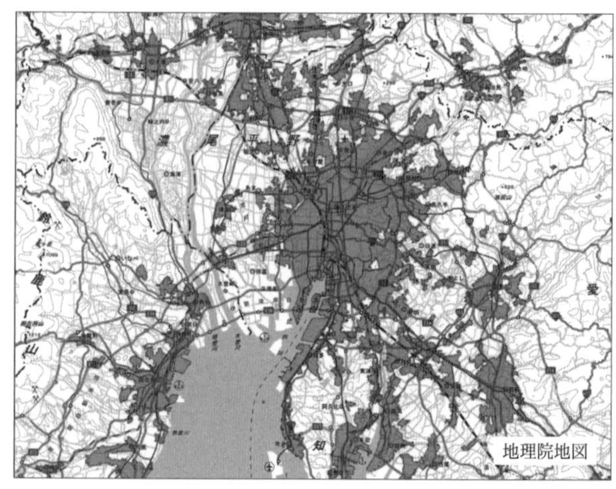


図 6-9　DID 地区（東海地区）

る地域のことであり，DID 地区とも呼ばれる．住宅の密集している地域のほとんどは人口集中地区であるため，飛行には国土交通大臣の許可が必要である．

コメント

① 人口集中地区内であっても，屋内や網（ネット）等で周囲が完全に覆われている場所については，航空法の適用外となるため飛行は可能．
② 人口集中地区内の私有地であっても航空法は適用される．私有地上空での飛行であっても国土交通省の許可・承認が必要．

### 6-1-2　無人航空機の飛行方法

航空法では無人航空機の飛行方法を「航空法　第九章　無人航空機　第百三十二条の二」により，下記のように定めている．

**第九章　無人航空機**
(飛行の方法)
**第百三十二条の二**　無人航空機を飛行させる者は，次に掲げる方法によりこれを飛行させなければならない．ただし，国土交通省令で定めるところにより，あらかじめ，第五号から第十号までに掲げる方法のいずれかによらずに飛行させることが航空機の航行の安全並びに地上及び水上の人及び物件の安全を損なうおそれがないことについて受けたところに従い，これを飛行させることができる．

一　アルコール又は薬物の影響により当該無人航空機の正常な飛行ができないおそれがある間において飛行させないこと．

二　国土交通省令で定めるところにより，当該無人航空機が飛行に支障がないことその他飛行に必要な準備が整つていることを確認した後において飛行させること．

三　航空機又は他の無人航空機との衝突を予防するため，無人航空機をその周囲の状況に応じ地上に降下させることその他の国土交通省令で定める方法により飛行させること．

四　飛行上の必要がないのに高調音を発し，又は急降下し，その他他人に迷惑を及ぼすような方法で飛行させないこと．

五　日出から日没までの間において飛行させること．

六　当該無人航空機及びその周囲の状況を目視により常時監視して飛行させること．

七　当該無人航空機と地上又は水上の人又は物件との間に国土交通省令で定める距離を保つて飛行させること．

八　祭礼，縁日，展示会その他の多数の者の集合する催しが行われている場所の上空以外の空域において飛行させること．

九　当該無人航空機により爆発性又は易燃性を有する物件その他人に危害を与え，又は他の物件を損傷するおそれがある物件で国土交通省令で定めるものを輸送しないこと．
十　地上又は水上の人又は物件に危害を与え，又は損傷を及ぼすおそれがないものとして国土交通省令で定める場合を除き，当該無人航空機から物件を投下しないこと．

「航空法」　抜粋 6-3

上記条文の「地上又は水上の人又は物件との間に国土交通省令で定める距離」として，「航空法施行規則　第九章　無人航空機　第二百三十六条の四」により，下記の通り定められている．

**第九章　無人航空機**
(飛行の方法)
**第二百三十六条の四**　法第百三十二条の二第三号の国土交通省令で定める距離は，三十メートルとする．

「航空施行規則」　抜粋 6-3

無人航空機の飛行方法をまとめると，以下の通りとなる．

人または物件との距離については，操縦者本人やその関係者および関係者が所有する物件については，適用除外となる．しかし，イベント上空については，主催者の承諾があっても航空法は適用される．

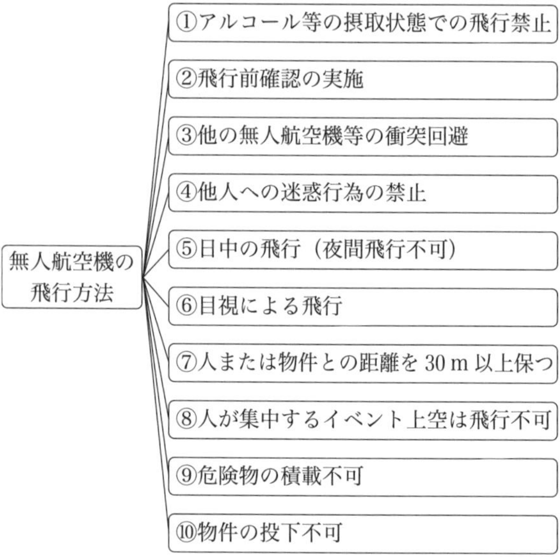

無人航空機の飛行方法
①アルコール等の摂取状態での飛行禁止
②飛行前確認の実施
③他の無人航空機等の衝突回避
④他人への迷惑行為の禁止
⑤日中の飛行（夜間飛行不可）
⑥目視による飛行
⑦人または物件との距離を 30 m 以上保つ
⑧人が集中するイベント上空は飛行不可
⑨危険物の積載不可
⑩物件の投下不可

図 6-10　飛行方法

上記⑤～⑩の飛行方法によらずに無人飛行機を飛行させようとする場合には，安全面での措置をしたうえで，国土交通大臣の承認を受ける必要がある．

30m
未満
30m
未満
30m
未満
（夜間飛行）
（目視外飛行）
（30m未満の飛行）
（ｲﾍﾞﾝﾄ上空飛行）
（危険物輸送）
（物件投下）

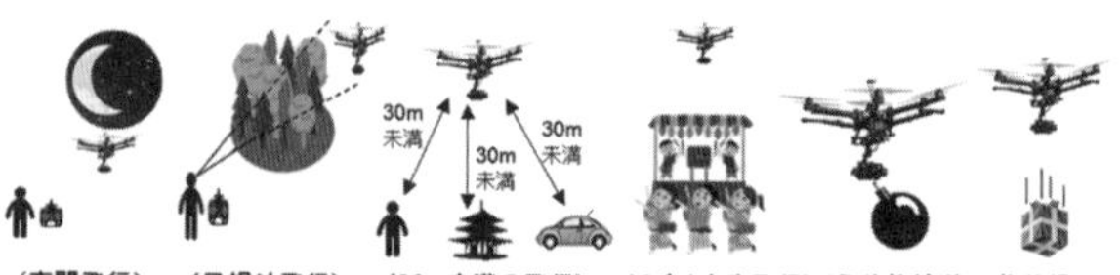

図 6-11　承認が必要となる飛行方法（国土交通省 HP より）

補足

### ○夜間飛行の禁止

夜間では，無人航空機の位置や姿勢だけでなく，周囲の障害物等の把握が困難になり，適切な制御ができず墜落等に至る危険性が高まることから，**無人航空機の飛行は日中のみ（日出から日没までの間）の飛行に限定**されている．

日中とは，国立天文台が発表する日の出の時刻から日の入りの時刻までの間とする．日の出とは太陽が地平線から出た瞬間であり，日の入りとは太陽が地平線に沈みきって見えなくなった瞬間である．したがって，「日出」および「日没」については，地域に応じて異なる時刻となる．つまり，太陽が全く見えない状態が夜間であり，その時間帯での飛行には国土交通大臣の承認が必要となる．

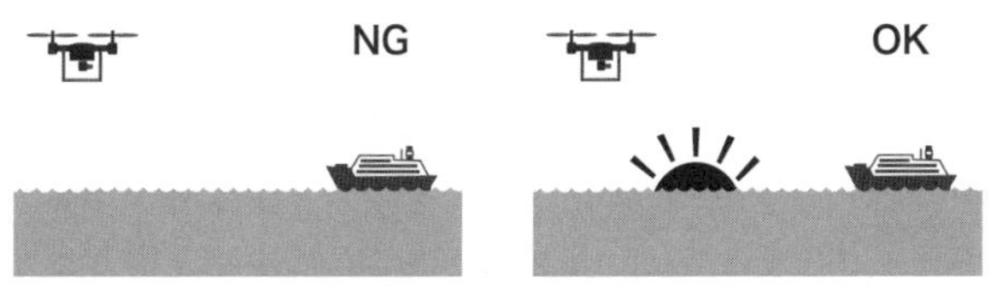


図 6-12　夜間と日中

### ○目視飛行とは

飛行させる無人航空機の位置や姿勢を把握するとともに，その周辺に人や障害物等がないかどうかなどの確認が確実に行えること．目視により常時監視を行いながらの飛行に限定されている．

「目視飛行」とは，無人航空機の操縦者が自らの目で機体を見ながら飛行させることである．このため，補助者のみによる目視は該当せず，また，モニターのみの利用や双眼鏡やカメラを用いての飛行は，「目視飛行」に該当しない（目視外飛行）．

コメント

**FPV（First Person View，一人称視点）**

機体の正面に搭載したカメラの映像をリアルタイムで確認しながら飛行すること．飛行には，FPV専用ゴーグルやヘッドマウントディスプレイ（HMD）やモニターを使用する．映像のみによる飛行は，目視外飛行となり，飛行承認が必要となる．

**○人または物件との距離が30 m未満の飛行とは**

無人航空機が地上または水上の人または物件との衝突を防止することを目的に，無人航空機と人または物件との間に一定の距離である**30 mを確保**する必要がある．

人または物件とは，次のように解釈されている．

- 「人」とは，無人航空機を飛行させる者およびその関係者（無人航空機の飛行に直接的または間接的に関与している者）以外の者．
- 「物件」とは，次に掲げるもののうち，無人航空機を飛行させる者およびその関係者（無人航空機の飛行に直接的または間接的に関与している者）が所有または管理する物件以外のもの．

a）**中に人が存在することが想定される機器**

**（車両等）**

b）**建築物その他の相当の大きさを有する工作物**

具体的には，次に掲げる物が物件に該当する．

表 6-1　物件

| | |
|---|---|
| 車両等 | 自動車，鉄道車両，軌道車両，船舶，航空機，建設機械，港湾のクレーン 等 |
| 工作物 | ビル，住居，工場，倉庫，橋梁，高架，水門，変電所，鉄塔，電柱，電線，信号機，街灯 等 |

ただし，次の物件は，距離を保つべき物件には該当しない．

a）土地（田畑用地および舗装された土地（道路の路面等），堤防，鉄道の線路等であって土地と一体となっているものを含む．）

b）自然物（樹木，雑草 等）等

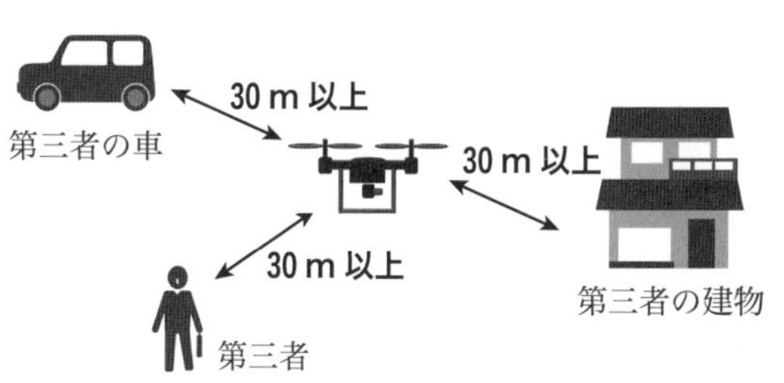


図 6-13　物件等との距離

### ○イベント上空飛行とは

多人数の集合する催しが行われている場所の上空においては，無人航空機を飛行させた場合に故障等により落下すれば，人に危害を及ぼす危険性が高い．**一時的に多数の人が集まるような催し場所上空での飛行は不可**となっている．どのような場合が「多数の人の集合する催し」に該当するかは，集合する人の人数や密度だけでなく，特定の場所や日時に開催されるものかどうか，また，主催者の意図等も勘案して総合的に判断する必要がある．

具体的な事例は次のとおりである．

**表 6-2　多数の人の集合する催し**

| | |
|---|---|
| 該当する例 | 祭礼，縁日，展示会のほか，プロスポーツの試合，スポーツ大会，運動会，屋外で開催されるコンサート，町内会の盆踊り大会，デモ（示威行為）等 |
| 該当しない例 | 自然発生的なもの（例えば，混雑による人混み，信号待ち 等） |

ただし，上記に該当しない場合であっても，特定の時間や特定の場所に数十人が集合している場合には「多数の人の集合する催し」に該当する可能性がある．

### ○危険物の輸送とは

無人航空機には，物件を輸送する能力を有するものもあり，火薬類，高圧ガス，引火性液体等の危険物を輸送することが可能である．危険物を輸送する無人航空機が墜落した場合や輸送中にこれらの危険物が漏出した場合，周囲への飛散や機体の爆発により，人への危害や他の物件への損傷が発生する危険性があるため，**危険物の輸送は禁止**されている．

無人航空機による輸送を禁止する危険物については，航空法施行規則第 236 条の 5 および「無人航空機による輸送を禁止する物件等を定める告示」(平成 27 年 11 月 17 日付国土交通省告示第 1142 号) において定められている．なお，飛行に必要不可欠であり，飛行中，常に機体と一体となって輸送される等の物件は，航空法施行規則第 236 条の 5 第 2 項における無人航空機の飛行のために輸送する物件として，輸送が禁止される物件に含まれないものとする．

具体的には次に掲げる物件が該当する．

- **無人航空機の飛行のために必要な燃料や電池**
- **業務用機器（カメラ等）に用いられる電池**
- **安全装備としてのパラシュートを開傘するために必要な火薬類や高圧ガス 等**

### ○物件の投下とは

飛行中に無人航空機から物件を投下した場合，地上の人や物件に危害をもたらす危険性がある．また，物件投下により機体のバランスを崩すなど無人航空機の適切な制御に支障をきたすおそれがあるため，**物件の投下は禁止**されている．水や農薬等の液体を散布する行為は物件投下に該当し，輸送した物件を地表に置く行為は物件投下には該当しない．

### 6-1-3　無人航空機の飛行に関する許可・承認の審査要領の改正（2018年1月）

航空法に基づく通達の改正が2018年1月に行われ，催し場所上空での飛行に当たっての必要な安全対策が追加された．飛行承認を受けるために必要な項目として，**新たに「飛行中のドローンの下に立ち入り禁止エリアを設ける」「プロペラガードを装着する」などといったことが義務付けられた．**

国土交通省のウェブサイトに記載されている，新たに義務付けられることとなった安全対策は以下の通りである．

**①講じるべき安全対策**

**立入禁止区画の範囲**

飛行高度　0～20 m　：水平距離30 mの立ち入り禁止区画

飛行高度　20～50 m　：水平距離40 mの立ち入り禁止区画

飛行高度　50～100 m　：水平距離60 mの立ち入り禁止区画

飛行高度　100～150 m　：水平距離70 mの立ち入り禁止区画

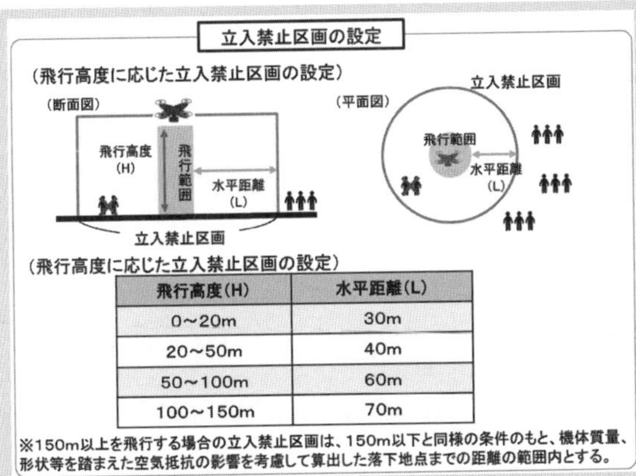


（飛行高度に応じた立入禁止区画の設定）

| 飛行高度(H) | 水平距離(L) |
|---|---|
| 0〜20m | 30m |
| 20〜50m | 40m |
| 50〜100m | 60m |
| 100〜150m | 70m |

※150m以上を飛行する場合の立入禁止区画は、150m以下と同様の条件のもと、機体質量、形状等を踏まえた空気抵抗の影響を考慮して算出した落下地点までの距離の範囲内とする。

図 6-14　立入禁止区画（国土交通省 HP より）

**機体要件**

- 国土交通省のホームページ掲載無人航空機以外の場合には，次の要件を追加申請時と同じ機体の条件で十分な飛行実績（飛行時間：3 時間以上，飛行回数：10 回以上目安）を有し，安全に飛行できることを確認していること．（飛行時間と飛行回数を新たに申請書に記載）
- プロペラガード等の接触時の被害を軽減させる措置を義務化．

**風速制限**

風速は 5 m/s 以下であること．

**速度制限**

実測の風速に応じ，風速と速度の和が 7 m/s 以下とすること．

**②例外措置**

**以下の場合には，「①講じるべき安全対策」を満たさない場合でも飛行を許可する．**

- **観客等への被害を防ぐため機体に係留装置の装着又はネットの設置等を活用した安全対策を講じていること**
- **機体メーカーが自社の機体の性能にあわせ落下範囲を保障している等，その技術的根拠について問題ないと判断できる場合**

国土交通省 HP より

**コメント**

多くの UAV（ドローン）の最高速度は 50 ～ 80 km/h である．速度制限が風速と速度の和が 7 m/s 以下となっており，これを時速に換算すると，25.2 km/h である．つまり，飛行時においては，UAV（ドローン）の性能速度を基準にするのではなく，風速と速度の和である速度に注意しながら飛行させないと，スピード違反になってしまう可能性がある．

### 6-1-4　無人航空機の飛行に関する許可・承認申請

航空法では無人航空機の飛行禁止空域と飛行方法について定められている．特別な理由により，飛行禁止空域を飛行する必要がある場合には，「**国土交通大臣の許可**」が必要である．指定された飛行方法によらない飛行を行う場合には，「**国土交通大臣の**

※許可申請
○ 地表または水面から 150m 以上の高さの飛行
○ 空港等周辺の飛行禁止空域での飛行
○ 人または家屋が密集する地域での飛行

※承認申請
⑤ 夜間の飛行
⑥ 目視によらない飛行
⑦ 人または物件との距離が 30 m 未満
⑧ 人が集合するイベント上空での飛行
⑨ 危険物の積載
⑩ 物件の投下

図 6-15 申請内容

**承認**」が必要である．これらの手続きは，飛行開始予定の 10 開庁日前から相当の余裕をもって，飛行させる地域を管轄する**地方航空局**（**東京航空局または大阪航空局**）に対して申請を行う．ただし，空港等周辺の飛行禁止空域および高さ 150 m以上の空域の飛行申請においては，管轄区域とする空港事務所にも申請する必要がある．

**コメント**

手続きは「飛行開始予定の 10 開庁日前までに，飛行させる地域を管轄する地方航空局（東京航空局または大阪航空局）に対して申請する」となっているが，実際は混雑時期による遅れや修正指示がある場合があるため，余裕をもって飛行予定の一か月前に申請するのがよい．

表 6-3　管轄航空局

| | |
|---|---|
| 東京航空局 | （航空法第 132 条第 2 号および同法第 132 条の 2）北海道，青森県，岩手県，宮城県，秋田県，山形県，福島県，茨城県，栃木県，群馬県，埼玉県，千葉県，東京都，神奈川県，新潟県，山梨県，長野県，静岡県 |
| 大阪航空局 | （航空法第 132 条第 2 号および同法第 132 条の 2）富山県，石川県，福井県，岐阜県，愛知県，三重県，滋賀県，京都府，大阪府，兵庫県，奈良県，和歌山県，鳥取県，島根県，岡山県，広島県，山口県，徳島県，香川県，愛媛県，高知県，福岡県，佐賀県，長崎県，熊本県，大分県，宮崎県，鹿児島県，沖縄県 |

### 6-1-5　捜索または救助のための特例

航空法では無人航空機の飛行禁止空域と飛行方法について定められている．これらの飛行ルールについては，事故や災害時に極めて緊急性が高く，かつ，公共性の高い行為である．国や地方公共団体またはこれらの者の依頼を受けた者が捜索または救助を行うために無人航空機を飛行させる場合については，捜索または救助等の迅速化を図ることを目的に，**航空法は適用されない**ことになっている．

> **第九章　無人航空機**
> （捜索，救助等のための特例）
> **第百三十二条の三**　第百三十二条及び前条（第一号から第四号までに係る部分を除く．）の規定は，都道府県警察その他の国土交通省令で定める者が航空機の事故その他の事故に際し捜索，救助その他の緊急性があるものとして国土交通省令で定める目的のために行う無人航空機の飛行については，適用しない．

「航空法」 抜粋 6-4

ただし，「空港等周辺及び地上又は水上から 150 m以上の高さ（航空法第百三十二条第 1 号の空域）において無人航空機を飛行させる場合には，空港等の管理者または空域を管轄する関係機関と調整した後，当該空域の場所を管轄する空港事務所に飛行情報を電話した上で電子メールまたはファクシミリにより通知すること」となっており注意が必要である．

### 6-1-6　許可・承認申請の方法

オンライン申請，郵送および持参のいずれかの方法により申請が可能である．

2018 年 4 月 2 日から始まったオンラインサービスによる場合には，オンラインサービス専用サイト（ドローン情報基盤システム：DIPS）からの申請となる．操作はすべてウェブブラウザ上で実施するため，特別なソフトウェアは必要ない．なお，申請は書面申請と同様，飛行開始予定日の少なくとも10開庁日前までに申請する必要がある．

**コメント**

飛行に際して，関係機関等との調整後に国土交通省に飛行許可・承認の申請を行う．関係機関等とは，空港周辺や高度150 m以上での飛行の場合は空港事務所，催し場所での飛行の場合はイベント主催者，道路上空での飛行の場合は道路管理者，などである．

### 6-1-7　罰則規定

航空法に従わず，かつ必要な許可または承認を得ずに無人航空機を飛行させた場合には，50万円以下の罰金（飲酒時の飛行は1年以上の懲役または30万円以下の罰金）が課せられる．

## 6-2　その他の関連法例

無人航空機の飛行にあたり，関係する他の法律は以下のとおりである．

### ○電波法

無人航空機の操縦や画像伝送には，電波を発射する無線設備が利用されている．無線設備を日本国内で使用する場合は，電波法令に基づき無線局の免許と無線従事者資格が必要である．ただし，発射する電波が極めて微弱な無線局や，一定の技術的条件に適合する無線設備を使用する小電力無線局については，無線局の免許および登録が不要である．そのような小規模な無線局に使用する特定無線設備については，登録証明機関が電波法技術基準に適合していることを証明する技術基準適合証明があり，その証明を受けた特定無線設備には登録証明機関が**技適マーク**を貼付する．一般に使用する無線機のほとんどに技適マークが貼付されており，貼付されていない無線機の使用は違法になる恐れがあるため，無線機の購入・使用には十分な注意が必要である．

一般に販売されている多くの無人航空機にも技適マークが貼付されており，使用に際して免許等は不要であるが，海外製品等では技術基準適合証明を受けていない機体もあるため，海外製品を直接購入する際には注意が必要である．

なお，電波法違反による罰則の具体例の一部は，以下のとおりである．

図 6-16　技適マーク

表 6-4　電波法違反による罰則（一部）

| 電波法根拠条文 | 罰則に該当する行為 | 法定刑 |
|---|---|---|
| 108 条の 2 | 電気通信業務又は放送の業務の用に供する無線局の無線設備又は人名若しくは財産の保護，治安の維持，気象業務，電気事業に係る電気の供給の業務若しくは鉄道事業に係る列車の運行の業務の用に供する無線設備を損壊し，又はこれに物品を接触し，その他その無線設備の機能に障害を与えて無線通信を妨害した者（未遂罪は，罰せられる） | **5 年以下の懲役又は 250 万円以下の罰金** |
| 110 条 | 免許又は登録がないのに，無線局を開設した者 | **1 年以下の懲役又は 100 万円以下の罰金** |
| | 免許状の記載事項違反 | |

**コメント（総務省 HP より）**

**ドローン等に用いられる無線設備について**

ロボットを利用する際には，その操縦や，画像伝送のために，電波を発射する無線設備が広く利用されている．これらの無線設備を日本国内で使用する場合は，電波法令に基づき，無線局の免許を受ける必要がある．ただし，他の無線通信に妨害を与えないように，周波数や一定の無線設備の技術基準に適合する小電力の無線局等は免許を受ける必要はない．

特に，上空で電波を利用する無人航空機等（以下「ドローン等」という）の利用ニーズが近年高まっている．

国内でドローン等での使用が想定される主な無線通信システムは，以下のとおりである．

| 分類 | 無線局免許 | 周波数帯 | 送信出力 | 利用形態 | 備考 | 無線従事者資格 |
|---|---|---|---|---|---|---|
| 免許及び登録を要しない無線局 | 不要 | 73 MHz帯等 | ※1 | 操縦用 | ラジコン用微弱無線局 | 不要 |
| | 不要※2 | 920 MHz帯 | 20 mW | 操縦用 | 920 MHz帯テレメータ用，テレコントロール用特定小電力無線局 | |
| | | 2.4 GHz帯 | 10 mW/MHz | 操縦用<br>画像伝送用<br>データ伝送用 | 2.4 GHz帯小電力データ通信システム | |
| 携帯局 | 要 | 1.2 GHz帯 | 最大1 W | 画像伝送用 | アナログ方式限定※4 | 第三級陸上特殊無線技士以上の資格 |
| 携帯局<br>陸上移動局 | 要※3 | 169 MHz帯 | 10 mW | 操縦用<br>画像伝送用<br>データ伝送用 | 無人移動体画像伝送システム（平成28年8月に制度整備） | |
| | | 2.4 GHz帯 | 最大1 W | 操縦用<br>画像伝送用<br>データ伝送用 | | |
| | | 5.7 GHz帯 | 最大1 W | 操縦用<br>画像伝送用<br>データ伝送用 | | |

※1：500 m の距離において，電界強度が 200μV/m 以下のもの．
※2：技術基準適合証明等（技術基準適合証明及び工事設計認証）を受けた適合表示無線設備であることが必要．
※3：運用に際しては，運用調整を行うこと．
※4：2.4 GHz 帯および 5.7 GHz 帯に無人移動体画像伝送システムが制度化されたことに伴い，1.2 GHz 帯からこれらの周波数帯への移行を推奨している．

コメント

ドローンレースなど個人で使用するには第四級アマチュア無線技士以上の資格，業務で使用するには第三級陸上特殊無線技士以上の資格が必要である．

無線従事者でない者が無線設備を操作した場合には罰則が定められており，「30 万円以下の罰金」となる（電波法　第 113 条）

### ○小型無人機等飛行禁止法

この禁止法は，2016 年 3 月 18 日に公布された「国会議事堂，内閣総理大臣官邸その他の国の重要な施設等，外国公館等及び原子力事業所の周辺地域の上空における小型無人機等の飛行の禁止に関する法律」である．この法律に基づき，対象施設周辺地域（対象施設の敷地または区域およびその周囲おおむね 300 メートルの地域）の上空においては，小型無人機等の飛行が禁止されている．

航空法においては 200 g 未満の UAV（ドローン）は対象外であるが，小型無人機等飛行禁止法においては規定されていないため，たとえ 200 g 未満の UAV（ドローン）の飛行であっても必ず飛行禁止エリアを管轄している警察署に問い合わせをすることが必要である．小型無人機等飛行禁止法に違反した場合，1 年以下の懲役または 50 万円以下の罰金となる．

## ○米軍基地上空の飛行禁止

2018 年 2 月 20 日に防衛省・警察庁・国土交通省・外務省が連名で，米軍施設の上空でドローンなどを飛行させる行為をやめるよう「お知らせとお願い」をするポスターが公開された．

**お知らせとお願い**

**米軍施設の上空やその周辺においてヘリやドローンを飛行させることは、重大事故につながるおそれのある大変危険な行為ですので、行わないで下さい。**

**こうした行為により、航空機の安全な航行を妨害したとき等には、法令違反に当たる場合があります。**

米軍施設の上空やその周辺においてヘリやドローンを飛行させることは、米軍の航空機との衝突事故等につながるおそれがある大変危険な行為です。

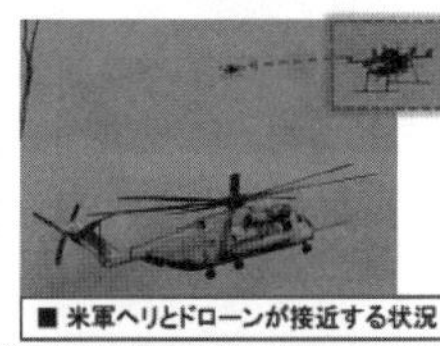

■ 米軍ヘリとドローンが接近する状況

実際に、米軍ヘリが衝突を避けるために回避を余儀なくされる等、米軍航空機の航行の安全に影響が生じるような事案が発生しています。こうした行為により、航空機の安全な航行を妨害したとき等には、法令違反に当たる場合があります。

安全確保のため、御理解をお願いいたします。

防衛省・警察庁・国土交通省・外務省

図 6-17　飛行禁止のお願い（国土交通省 HP より）

**注意！**

“ヘリやドローンの飛行行為の禁止”であることから，航空法適用除外とされている機体重量 200 g 未満の模型航空機も含まれると解釈される．

## ○道路交通法（第七十七条）

（道路の使用の許可）

**第七十七条**　次の各号のいずれかに該当する者は，それぞれ当該各号に掲げる行為について当該行為に係る場所を管轄する警察署長（以下この節において「所轄警察署長」という.）の許可（当該行為に係る場所が同一の公安委員会の管理に属する二以上の警察署長の管轄にわたるときは，そのいずれかの所轄警察署長の許可．以下この節において同じ.）を受けなければならない．

一　道路において工事若しくは作業をしようとする者又は当該工事若しくは作業の請負人

二　道路に石碑，銅像，広告板，アーチその他これらに類する工作物を設けようとする者

三　場所を移動しないで，道路に露店，屋台店その他これらに類する店を出そうとする者

四　前各号に掲げるもののほか，道路において祭礼行事をし，又はロケーションをする等一般交通に著しい影響を及ぼすような通行の形態若しくは方法により道路を使用する行為又は道路に人が集まり一般交通に著しい影響を及ぼすような行為で，公安委員会が，その土地の道路又は交通の状況により，道路における危険を防止し，その他交通の安全と円滑を図るため必要と認めて定めたものをしようとする者

「道路交通法」　抜粋 6-1

道路敷地内でUAV（ドローン）の離着陸を行う場合には，“一　道路において工事若しくは作業をしようとする者又は当該工事若しくは作業請負人”に該当すると考えられるため「道路使用許可申請書」を警察署長宛に提出する必要がある．

また，道路上空を飛行させる場合には，安全確保のため管轄の警察署に事前の連絡・確認を行っておくことが必要である．ただし，安全確保の観点から，交通量の多い道路上空の飛行は避けるべきである．

**○民法（第二百六条，第二百七条）**

> **第二編　物件**
> **第三章　所有権**
> **第一款　所有権の内容及び範囲**
> (所有権の内容)
> **第二百六条**　所有者は，法令の制限内において，自由にその所有物の使用，収益及び処分をする権利を有する．
> (土地所有権の範囲)
> **第二百七条**　土地の所有権は，法令の制限内において，その土地の上下に及ぶ．

「民法」　抜粋 6-1

土地所有権が上下におよぶ限界については，民法の条文では明確にされていない．現在考えられている範囲は，「上空においては航空法の最低安全高度，地下においては大深度地下の公共的使用に関する特別措置法が基準」と解釈される場合が多い．

「航空法八十一条　航空法施行規則第百七十四条」において，航空機の最低安全高度が規定されている．それによると，航空機の飛行できる高度は，

- “人または家屋の密集している地域の上空にあっては，当該航空機を中心として水平距離600 mの範囲内の最も高い障害物の上端から300 mの高度”
- “人または家屋のない地域および広い水面の上空にあっては，地上または水上の人または物件から150 m以上の高度”

と規定されている．

大深度地下の公共的使用に関する特別措置法においては，地下室の建設のための利用が通常行われない深さである地下40 m以深が公共の用に利用できることになっている．

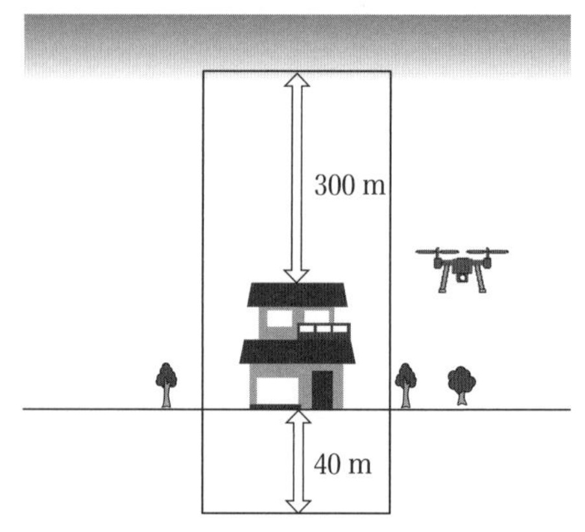


図 6-18　土地所有権のおよぶ範囲

この2つの法律を基準として，所有権のおよぶ範囲は，“建造物の高さ＋300 m”の高さまでが上空におよぶ範囲であり，「地下深度限界は大深度地下法の40 mである」という解釈が一般的である．したがって私有地上空での飛行には，土地所有者や管理者の承諾を得る必要がある．

**注意！**

航空法の許可等は地上の人・物件等の安全を確保するため技術的な見地から行われるものであり，ルール通り飛行する場合や許可等を受けた場合であっても，第三者の土地の上空を飛行させることは所有権の侵害に当たる可能性がある．

そのため，他人の所有する土地の上空を飛行させる場合は，土地や物件の所有者または管理者の許可を得て飛行を行うことが必要である．

ただし“法令の制限内”の解釈によるところが大きいと思われる．

また，安全最低高度は人口集中地区以外では150 m以上の高度となっているため，所有権のおよぶ範囲も150 mまでと解釈できるかもしれないが，地域によって所有権範囲が変化するものなのか，解釈によって違うため，本書ではあくまで，**障害物の上端から300 mまでを所有権のおよぶ範囲**とした．

**○都道府県，市町村の条例**

法律以外に，各都道府県や市町村が独自の条例を制定し，小型無人機等の飛行の制限および禁止されているエリアが存在する場合がある．飛行場所の条例については，各自治体に確認する必要がある．

**○プライバシー権と肖像権**

小型無人機による空撮は，通常と違う予期しない視点から撮影するため，第三者のプライバシー侵害となるリスクがある．住宅地等近辺での空撮には十分な配慮と場合によっては事前連絡を行い承諾を得ることが必要である．また，空撮画像および動画の公開には，個人または私物が特定できないようにすることが必要である．

2015 年 9 月に総務省より公表された**“「ドローン」による撮影映像等のインターネット上での取扱いに係るガイドライン”**を参考にする必要がある．ガイドラインにある具体的に注意すべき事項として，下記の 3 事項があげられている．

① **住宅地にカメラを向けないようにするなど撮影態様に配慮すること．**

② **プライバシー侵害の可能性がある撮影映像等にぼかしを入れるなどの配慮をすること．**

③ **撮影映像等をインターネット上で公開するサービスを提供する電気通信事業者においては，削除依頼への対応を適切に行うこと．**

**コメント**

**プライバシー権**とは「私生活上のことがらをみだりに公開されない法的保障ないしは権利」．**肖像権**とは「承諾なしに他人から容貌等を撮影されない自由および無断で公表されたり利用されたりしないことを主張できる権利」.

### ○その他の法律

- 河川法，海岸法，重要文化財保護法等

このほかにも，測量分野における関連マニュアルは，国土地理院により整備されている.

### ○ UAV を用いた公共測量マニュアル（案）（2017 年 3 月改正）

UAV で撮影した空中写真を用いて測量を行う場合における，精度確保のための基準や作業手順等を定めている.

### ○公共測量における UAV の使用に関する安全基準（案）（2016 年 3 月）

UAV を安全に運航して測量作業を円滑に実施するために，作業機関が遵守すべきルール等を定めている.

**コメント**

風水害や地震等による自然災害が発生した場合，国・地方公共団体や民間が連携し，人命救助や復旧活動等を効果的に展開する必要がある．国土交通省東北地方整備局では関係団体とともに，平成 28 年台風 10 号のドローンを用いた被災状況調査を主な題材として，ドローンの撮影手法に関して得られた知見をポイント集という形でまとめ，一般に公開されている.

緊急時に迅速に対応できるよう，常日頃からこのような資料に目を通しておくことは重要である.

○ドローンを用いた被災状況動画撮影のポイント集（素案）～平成28年台風10号等の際の経験を基に～　平成29年11月

- 操縦者の責任として，無人航空機による事故を起こした場合，自動車と同じように「民事責任」，「刑事責任」，「行政上の責任」を負わなければならない．そのため，**第三者への被害を補償できる備えとして，損害賠償保険への加入**が大切である.

# 第７章　操縦トレーニング

国土交通省航空局標準マニュアル（最新版：2019 年７月）のうち，“無人航空機　飛行マニュアル”には，無人航空機を飛行させる者の訓練および遵守事項に，“基本的な操縦技量の習得”と“業務を実施するために必要な操縦技量の習得”が表記されている．

操縦技量は飛行許可および飛行承認の申請における審査基準の項目であり，「操縦者はこれらの技量を習得していなければ許可および承認を得ることができない」ということである．また，操縦技量の維持および操縦練習についても表記されている．

2-1　基本的な操縦技量の習得

プロポの操作に慣れるため，以下の内容の操作が容易にできるようになるまで 10 時間以上の操縦練習を実施する．なお，操縦練習の際には，十分な経験を有する者の監督の下に行うものとする．訓練場所は許可等が不要な場所又は訓練のために許可等を受けた場所で行う．

| 項　目 | 内　容 |
|---|---|
| 離着陸 | 操縦者から３ｍ離れた位置で，３ｍの高さまで離陸し，指定の範囲内に着陸すること．この飛行を５回連続して安定して行うことができること． |
| ホバリング | 飛行させる者の目線の高さにおいて，一定時間の間，ホバリングにより指定された範囲内（半径１ｍの範囲内）にとどまることができること． |

| | |
|---|---|
| 左右方向の移動 | 指定された離陸地点から，左右方向に20 m離れた着陸地点に移動し，着陸することができること．<br>この飛行を5回連続して安定して行うことができること． |
| 前後方向の移動 | 指定された離陸地点から，前後方向に20 m離れた着陸地点に移動し，着陸することができること．<br>この飛行を5回連続して安定して行うことができること． |
| 水平面内での飛行 | 一定の高さを維持したまま，指定された地点を順番に移動することができること．<br>この飛行を5回連続して安心して行うことができること． |

「無人航空機　飛行マニュアル」 抜粋7-1

無人航空機を用いて業務を実施するには，高度な操縦技術が必要となることから，基本的な操縦技量を習得したうえで，さらなる操縦技量の習得が必要である．

2-2　業務を実施するために必要な操縦技量の習得

基礎的な操縦技量を習得した上で，以下の内容の操作が可能となるよう操縦練習を実施する．訓練場所は許可等が不要な場所又は訓練のために許可等を受けた場所で行う．

| 項　目 | 内　容 |
|---|---|
| 対面飛行 | 対面飛行により，左右方向の移動，前後方向の移動，水平面内での飛行を円滑に実施できるようにすること． |
| 飛行の組合 | 操縦者から10 m離れた地点で，水平飛行と上昇・下降を組み合わせて飛行を5回連続して安定して行うことができること． |

| | |
|---|---|
| 8の字飛行 | 8の字飛行を5回連続して安定して行うことができること. |

「無人航空機　飛行マニュアル」 抜粋7-2

2-3　操縦技量の維持

2-1, 2-2で定めた操縦技量を維持するため, 定期的に操縦練習を行う. 訓練場所は許可等が不要な場所又は訓練のための許可等を受けた場所で行う.

2-4　夜間における操縦練習

夜間においても, 2-2に掲げる操作が安定して行えるよう, 訓練のために許可等を受けた場所又は屋内にて練習を行う.

2-5　目視外飛行における操縦練習

目視外飛行においても, 2-2に掲げる操作が安定して行えるよう, 訓練のために許可等を受けた場所又は屋内にて練習を行う.

2-6　物件投下のための操縦練習

物件投下の前後で安定した機体の姿勢制御が行えるよう, また, 5回以上の物件投下の実績を積むため, 訓練のために許可等を受けた場所又は屋内にて練習を行う.

「無人航空機　飛行マニュアル」 抜粋7-3

**“基本的な操縦技量の習得”** および **“業務を実施するために必要な操縦技量の習得”** には操作項目が記載されている．これらの操作項目を実施する際，無人航空機に搭載されている位置安定装置である **GPS 等の機能を利用せずに安定した飛行**ができるようになるまで練習を繰り返すことが必要である．

**コメント**

機体および送信機の電源の入れ方は，必ず①送信機，②機体の順に入れる．また，電源を切るときは，①機体，②送信機の順に電源を切ること．これは，混信等が発生した場合にプロペラが誤って回ることを防止するためである．

## 7-1　基本的な操縦

### ○離着陸

操縦者から 3 m離れた位置で，3 mの高さまで離陸し，離陸した場所に着陸する．

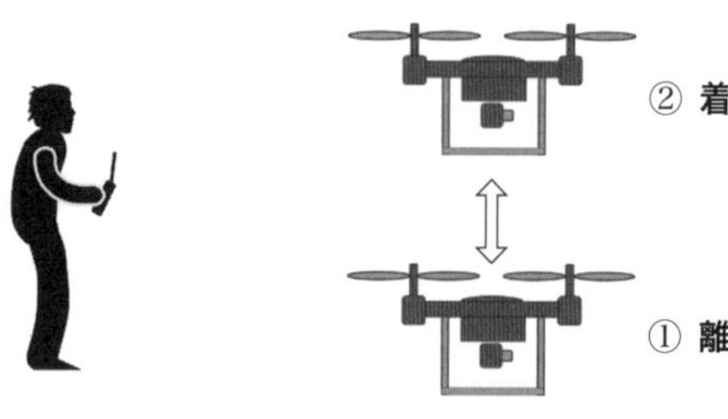


図 7-1　トレーニング 1

### ○ホバリング

操縦者の目線の高さで1分間ホバリングをさせる．安定することができるようになれば，UAV（ドローン）の4方向のホバリングを連続で行う．

（1分間ホバリング → 90°回転 → 1分間ホバリング → 90°回転 → ……）

図7-2　トレーニング2

### ○左右方向に移動

離陸地点から左右方向に20 m離れた地点に，向きを変えずに移動し，着陸・離陸を繰り返す．

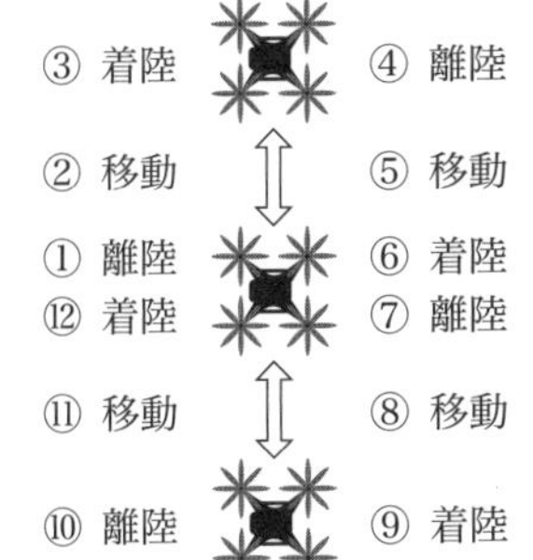


図7-3　トレーニング3

### ○前後方向に移動

離陸地点から前後方向に 20 m離れた地点に，向きを変えずに移動し，着陸・離陸を繰り返す．

図 7-4　トレーニング 4

### ○水平面内での飛行

一定の高さを維持したまま，指定された地点を順に飛行する．

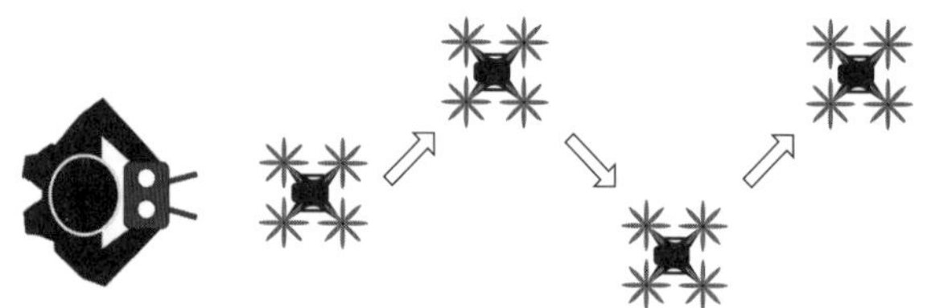

図 7-5　トレーニング 5

### ○四角形に飛行

一定の高さを維持したまま向きを変えずに，1辺 20 mの四角形を飛行する．

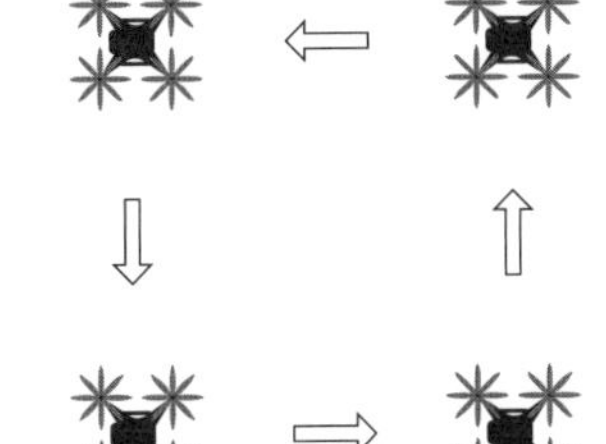

図 7-6　トレーニング 6

## 7-2　業務を実施するために必要な操縦

### ○対面飛行

対面飛行により，左右方向および前後方向に飛行させる．

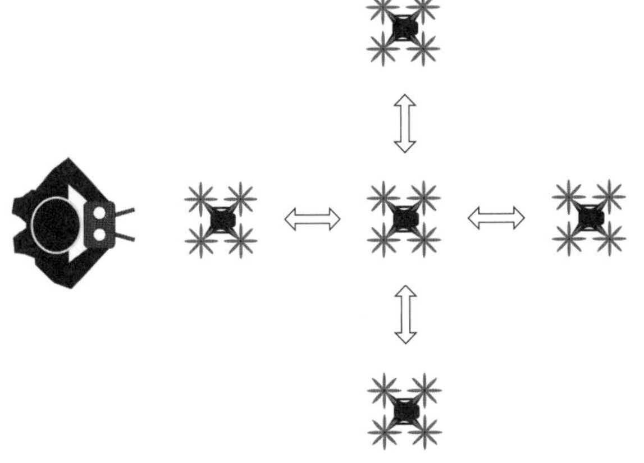

図 7-7　トレーニング 7

### ○飛行の組み合わせ

水平飛行に上昇・下降を組み合わせて飛行させる.

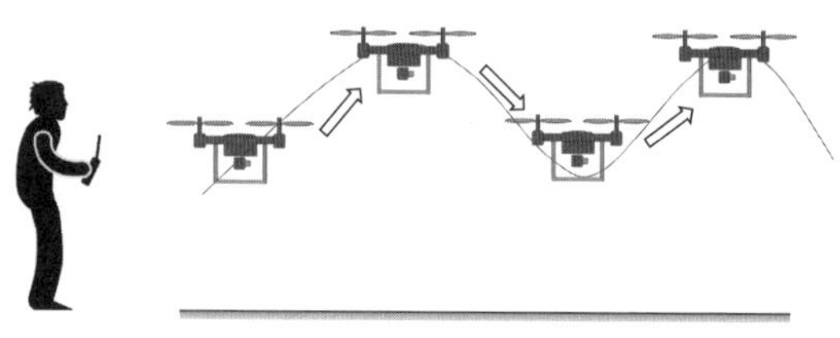

図 7-8　トレーニング 8

### ○サークル飛行

進行方向に前方を向けたままサークル飛行をする.

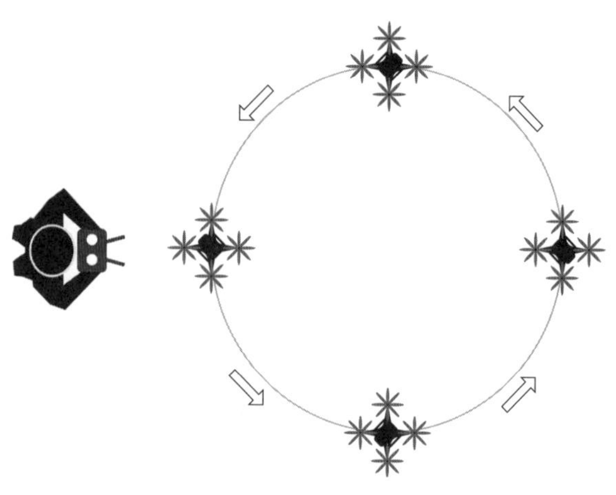

図 7-9　トレーニング 9

### ○8 の字飛行

進行方向に前方を向けたまま 8 の字飛行をする.

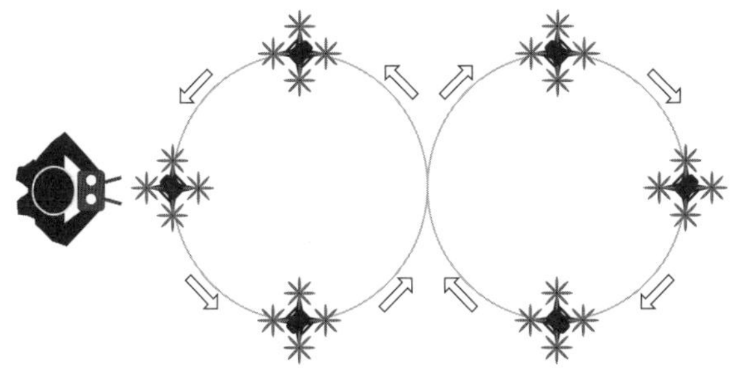

図 7-10　トレーニング 10

### ○ノーズインサークル

サークル中心に前方を向けたまま横移動でのサークル飛行をする.

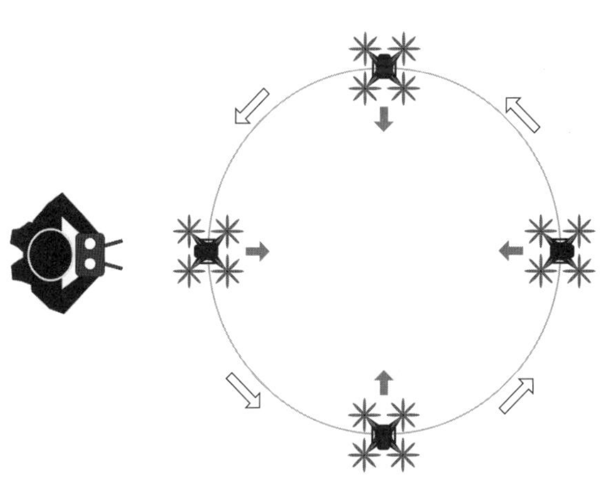

図 7-11　トレーニング 11

初めは，GPS 等の機能を利用して“基本的な操縦”と“業務を実施するために必要な操縦”をトレーニングする.

一通りマスターした時点で，GPS 等の機能をOFF にした状態で再度“基本的な操縦”と“業務を実施するために必要な操縦”をトレーニングする.

ただし，GPS 等の機能を OFF にした状態での飛行は不安定であり，思わぬ方向に移動する可能性があるため，周囲の安全を確認したうえでトレーニングすることが重要である.

**上達のポイント！**

**○スティック操作は，指先でゆっくり行う**

ゆっくり飛行でのトレーニングを心掛け，確実に，思っている方向にゆっくりと飛行できるようにする.

**○あて舵をマスターする**

飛行を安定させるには，微調整する“あて舵”（トントンとしたスティック操作）をマスターすることがポイントである.

**自由に飛行できるようになれば，広く開けた安全な場所で目視飛行のできる範囲内で遠距離飛行を練習する.**

**数百メートル離れた機体の操作は近距離飛行とは操作感覚が違うため，距離感に慣れる必要がある.**

# 第 8 章　「無人航空機の飛行に関する許可・承認申請書」について

**“第 6 章　関連する法律”** で述べたとおり，飛行禁止空域を飛行する必要がある場合には「**国土交通大臣の許可**」，指定された飛行方法によらない飛行を行う場合には「**国土交通大臣の承認**」を得るための申請をし，許可書が必要である．

図 8-1　申請の流れ

## 8-1　申請の目的

申請は **“第三者の生命，財産を脅かさない”** ための安全な運航を確認するのが目的である．

つまり，申請が必要となる場所および条件というのは，人や物件に危害を与えるリスクが高い場所および条件であり，安全な飛行が可能となる操縦技術と安全管理を約束するための申請であることを十分理解する必要がある．

## 8-2　申請書類

許可および承認申請に必要な書類は，下記のとおりである．なお，申請書および記載例等については，変更等が随時行われるので，申請時には必ず，国土交通省ホームページにて確認することが必要である．

○**様式 1**：無人航空機の飛行に関する許可・承認申請書

○**様式 2**：無人航空機の機能・性能に関する基準適合確認書

○**様式 3**：無人航空機を飛行させる者に関する飛行経歴・知識・能力確認書

○**別添資料 1**：飛行の経路の地図

○**別添資料 2**：無人航空機の製造者，名称，重量等

○**別添資料 3**：無人航空機の運用限界等

○**別添資料 4**：無人航空機の追加基準への適合性

○**別添資料 5**：無人航空機を飛行させる者一覧

○**別添資料 6**：無人航空機を飛行させる者の追加基準への適合性

○**別添資料 7**：飛行マニュアル

## 8-3　省略可能な書類

“資料の一部を省略することができる無人航空機”として国土交通省が認めた機種（国土交通省ホームページにて確認）については，下記の書類は省略可能である．

○**別添資料 2**：無人航空機の製造者，名称，重量等

○**別添資料 3**：無人航空機の運用限界等

また，航空局標準飛行マニュアル（国土交通省 HP にて確認）を使用する場合には，下記書類は省略可能

である.

○**別添資料 7**：飛行マニュアル

## 8-4　申請のポイント

申請書の審査は，安全な運航を確認するのが目的である．特に，国土交通省が定める“様式 3　飛行経歴・知識・能力確認書”は重要ではあるが，あくまで申請者の申請書類のみでの審査となることから，虚偽の申請とならないように十分に内容を理解することが重要である．

### 8-4-1　飛行経歴および知識について

<table>
<tr><th></th><th>確認事項</th><th>確認結果</th></tr>
<tr><td>飛行<br>経歴</td><td>無人航空機の種類別に，10 時間以上の飛行経歴を有すること．</td><td>□適／□否</td></tr>
<tr><td rowspan="2">知識</td><td>航空法関係法令に関する知識を有すること．</td><td>□適／□否</td></tr>
<tr><td>安全飛行に関する知識を有すること．<br>• 飛行ルール（飛行の禁止空域，飛行の方法）<br>• 気象に関する知識<br>• 無人航空機の安全機能（フェールセーフ機能　等）<br>• 取扱説明書に記載された日常点検項目<br>• 自動操縦システムを装備している場合には，当該システムの構造及び取扱説明書に記載された日常点検項目<br>• 無人航空機を飛行させる際の安全を確保するために必要な体制<br>• 飛行形態に応じた追加基準</td><td>□適／□否</td></tr>
</table>

様式 3　抜粋 8-1

**○飛行経歴**

飛行とは“空中を飛んでいくこと.”であり，経歴とは“実際に体験すること．経験.”のことである．つまり，飛行経歴とは，「**実際に空中を飛ばした経験**」のことである.

**○無人航空機の種類別に**

無人航空機とは，航空法により，“航空の用に供することができる飛行機，回転翼航空機，滑空機，飛行船その他政令で定める機器であって構造上，人が乗ることができないもののうち，遠隔操作または自動操縦（プログラムにより自動的に操縦を行うことをいう）により飛行させることができるもの”となっており，その種類別（飛行機，回転翼航空機，滑空機，飛行船のいずれか）のことである.

つまり，**飛行経歴**とは，無人航空機の種類別に実際に空中を飛行させた経歴のことであり，パソコンによるシミュレーションや無人航空機から除外されている200 g未満の機体（トイドローン）の経歴は認められない（飛行時間にカウントできない).

**○知識**

あくまで自己申告書での評価となるため，客観的評価は難しい.

## 8-4-2　能力について

| | | | |
|---|---|---|---|
| 能力 | 一般 | 飛行前に，次に掲げる確認が行えること．<br>• 周囲の安全確認（第三者の立入の有無，風速・風向等の気象　等）<br>• 燃料又はバッテリーの残量確認<br>• 通信系統及び推進系統の作動確認 | □適／□否 |
| | 遠隔操作の機体<br>※1 | GPS 等の機能を利用せず，安定した離陸及び着陸ができること． | □適／□否 |
| | | GPS 等の機能を利用せず，安定した飛行ができること．<br>• 上昇<br>• 一定位置，高度を維持したホバリング（回転翼機）<br>• ホバリング状態から機首の方向を 90° 回転（回転翼機）<br>• 前後移動<br>• 水平方向の飛行（左右移動又は左右旋回）<br>• 下降 | □適／□否 |
| | 自動操縦の機体<br>※2 | 自動操縦システムにおいて，適切に飛行経路を設定できること． | □適／□否 |
| | | 飛行中に不具合が発生した際に，無人航空機を安全に着陸させられるよう，適切に操作介入ができること． | □適／□否 |

様式3　抜粋 8-2

**○一般**

能力の一般とは，飛行場所の安全確認および機体の安全確認を行うことができる能力を持っていることであり，申請の条件である．

1章
2章
3章
4章
5章
6章
7章
8章
9章
10章
11章
12章

**○遠隔操作の機体**

機体の遠隔操作能力として，**“GPS 等の機能を利用せず”** となっている．安定飛行を行うセンサーを利用せず（センサーを切った状態）に，飛行の操作をする能力を持っていることが申請の条件である．

### 8-4-3 審査について

申請はあくまで申請者による自己申告であるため，客観的能力の評価は難しい．そこで，別添資料5の備考欄に，取得している認定資格を記載することで知識および能力の客観的評価の判断材料となる．また，別添資料6に，飛行させる者の飛行経験として総飛行時間を記入することで，能力評価の判断材料となる．これらを考慮すると，認定資格を持っていることは，申請においては有利な条件であるといえる．

**認定資格**

国土交通省 HP（航空局）に，無人航空機の一定の要件を満たした技能認証を得るための講習を実施する講習団体および管理団体の一覧が掲載されている．平成 30 年 5 月 1 日時点で，講習団体は 177 機関，管理団体は 13 機関となっている．特に有名な管理団体は下記の 3 つである．

**○ JUIDA の認定資格**
**○ DPA の認定資格**
**○ DJI JAPAN の認定資格**

また，筆記試験のみであるが，受験者の多いドローン検定もある．

### 8-4-4　申請にあたって参考とすべき資料

- 無人航空機の飛行に関する許可・承認の審査要領
- 無人航空機　飛行マニュアル（制限表面・150 m 以上・DID・夜間・目視外・30 m・催し・危険物・物件投下）場所を特定した申請について適用
- 無人航空機　飛行マニュアル（DID・夜間・目視外・30 m・危険物・物件投下）場所を特定しない申請について適用
- 無人航空機　飛行マニュアル（DID・夜間・目視外・30 m・危険物・物件投下）空中散布を目的とした申請について適用
- 無人航空機の飛行に関する許可承認申請書の記載方法について（書面により申請を行う場合）
- 無人航空機（ドローン，ラジコン機等）の安全な飛行のためのガイドライン
- 公共測量におけるUAVの使用に関する安全基準(案)
- DIPS　操作マニュアル　申請者編
- 無人航空機に係る規制の運用における解釈について
- 無人航空機（ドローン，ラジコン等）の飛行に関するQ&A
- ドローン情報基盤システム（飛行情報共有機能）

## 8-5　飛行情報共有システムについて

“無人航空機の飛行に関する許可・承認の審査要領(2019年7月26日付け)”において，“無人航空機を飛行させる際の安全を確保するために必要な体制”として，「飛行経路に係る他の無人航空機の飛行予定の情報（飛行日時，飛行範囲，飛行高度等）を飛行情報共有システム（国土交通省が整備したインターネットを利用し無人航空機の飛行予定の情報等を関係者間で共有するシステムをいう）で確認するとともに，当該システムに飛行予定の情報を入力すること」と定められている．

つまり，本改正の施行により，今後，新たに航空法に基づく許可・承認を受け，飛行を行う場合は，そのつど，飛行前に「飛行情報共有システム」を利用して飛行経路に係る他の無人航空機の飛行予定の情報等を確認する必要がある．それに加え，当該システムへ飛行予定の情報を入力することが必要となったため，入力忘れのないように注意することが必要である．

“ドローン情報基盤システム（飛行情報共有機能）ご利用案内【無人航空機運航者編】第1章　はじめに”において，システムの概要と目的が以下のように述べられている．

> 第１章　はじめに
> 1.1　飛行情報共有機能の概要
> 飛行情報共有機能（以下，本機能とする）では，無人航空機の普及に伴い，航空機と無人航空機，無人航空機間のニアミスとなる事案が増加している状況をふまえ，ドローン情報基盤システムにおいて，航空機と無人航空機，無人航空機間における更なる安全確保のために双方で必要となる飛行情報の共有を可能としました．
>
> 1.2　目的
> 本機能は，無人航空機を飛行させるにあたり，航空機・他の無人航空機との接触回避を図ることを目的とし，本システムにおいて事前に飛行計画を登録し，重複する場合は事前に調整を図ります．また無人航空機の飛行中に航空機の接近を検知した場合に，画面上で航空機の位置情報等を表示し，注意喚起を行います．

「ドローン情報基盤システム」 抜粋8-1

ドローン情報基盤システム（飛行情報共有機能）は，無人航空機の普及に伴い，航空機と無人航空機，無人航空機間のニアミスとなる事案が増加している状況をふまえ，**航空機と無人航空機，無人航空機間における安全確保のために双方で必要となる飛行情報（飛行計画，航空機位置情報）の共有を図るシステム**である．

## 8-6 その他

### 8-6-1 航空局標準飛行マニュアルについて

航空局標準飛行マニュアルとして，下記の2種類が公開されていた．

- 飛行マニュアルとして，無人航空機 飛行マニュアル（制限表面・150 m以上・DID・夜間・目視外・30 m・催し・危険物・物件投下）場所を特定した申請について適用
- 無人航空機 飛行マニュアル （DID・夜間・目視外・30 m・危険物・物件投下）場所を特定しない申請について適用

しかし，農用地等における空中散布における無人航空機の利活用の進展に伴い，事故やトラブル件数が増加していることから，2019年7月30日に「無人航空機飛行マニュアル（DID・夜間・目視外・30 m・危険物・物件投下）空中散布を目的とした申請について適用」が公開された．

### 8-6-2 飛行訓練のための申請について

飛行経歴が10時間に満たない初心者が飛行訓練等を行う場合，許可や承認の申請が必要となる飛行場所や飛行方法による場合，十分な飛行経験を有した監督者の下で飛行を行うこと等を条件として許可や承認の申請を行うことが可能など，安全性の確保を前提に柔軟な対応がなされている．初心者でも，ホームページにて公開されている「飛行経歴が10時間に満たなくても認められた無人航空機の飛行の許可・承認の例」を参考に申請が可能である．

# 第9章　気象について

無人航空機の飛行において，気象条件が安全飛行に非常に大きな影響を与えることから，気象についての知識が重要である．

多くのUAV（ドローン）には防水機能がないため，“雨天時”の飛行はもちろんのこと，“霧”や“もや”が発生している状況での飛行も，水分による故障の原因となるので，飛行できない．また，UVA（ドローン）の飛行で最も影響のある気象現象は風である．本章においては，風について説明する．

## 9-1　気圧と風

地球表面は気体で覆われており，その気体の層を大気という．大気が存在する範囲を大気圏といい，その厚みは約100 km である．この大気は地球の重力に引きつけられており，その大気の重さが圧力として地表にかかっている．この圧力を気圧という．地球上のどの場所にも均等に気圧がかかっているわけでなく，気圧の高い場所と低い場所がある．これを高気圧，低気圧と呼んでいる．大気は水と同じように圧力の高いところから低いところに流れる．この大気の流れが風である．

風の強さは，気圧の高いところと低いところの差が大きく影響しており，２地点の気圧の差が大きいほど風は強くなる．２地点の気圧の差を“気圧傾度”という．

## 9-2　上昇気流と下降気流

上昇気流と下降気流の代表格は，低気圧と高気圧である．**図 9-1** のように，低気圧では中心に向かって風が吹き，中心付近では湿った空気を上昇気流で上空まで運び，上空の低い気温で雲となるため，天気が悪くなる．逆に高気圧では中心付近に下降気流が発生するため，上空には雲が消滅し天気がよくなる．

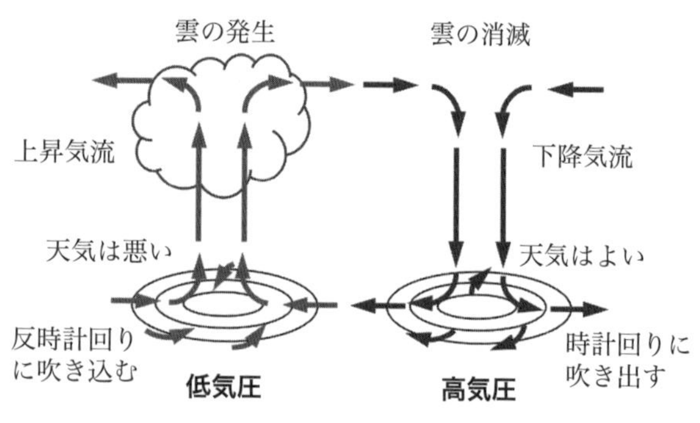


図 9-1　低気圧と高気圧の構造

上昇気流が発生する原因は，以下のとおりである．

### ○地表面が暖められることによる上昇気流

太陽光等により地表面が暖められ，地表付近の暖められた空気は周辺の空気より軽くなり，上昇気流が発生する．特に都市部では地表付近が暖かくなりやすく，この現象を“ヒートアイランド現象”といい，上昇気流が発生しやすい．地表面が暖かくなりやすい場所の上空では飛行に注意が必要である．

### ○地形の形状による上昇気流

風が大きな障害物に当たれば，上昇気流が発生する．大きな障害物とは，山，ビル，ダム等である．また，山の場合は，谷筋では奥に行くほど風が強くなり，谷筋につながる稜線上では激しい上昇気流が発生しやすい．

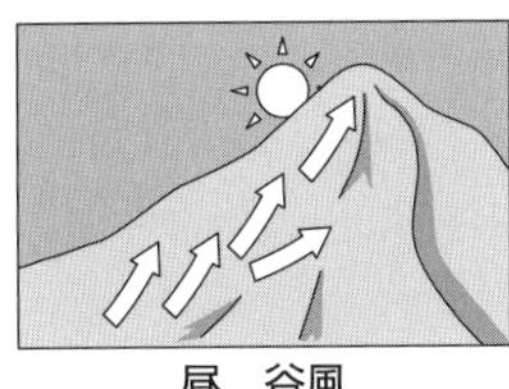

昼　谷風

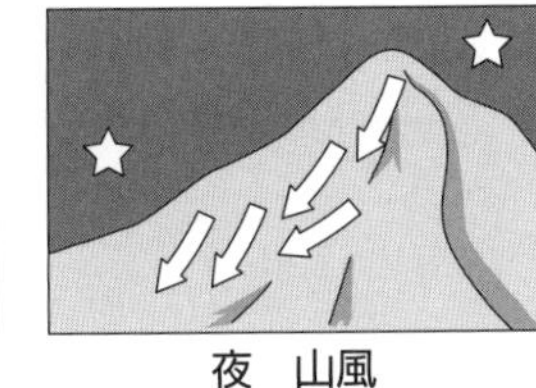

夜　山風

図 9-2　谷山風

### ○前線による上昇気流

寒冷前線では，暖かい空気と接する場所では激しい上昇気流が発生しやすい．

下降気流は，高気圧の中心付近や大きな障害物を越えてきた上昇気流が下降気流となって障害物を降下することが原因で発生する．

UAV（ドローン）の場合，上昇気流が発生している時にブレード周辺にボルテックスリングが発生し，揚力を失うセットリングウィズパワーが発生し，危険な状態となることから，飛行に際しては上昇気流に注意する必要がある．

## 9-3　大きな建物周辺の風の特徴

大きな建物周辺の限られた範囲内で発生する風をビル風という．ビル風は建物の形状や配置状況によって複雑な流れを発生させることから，注意する必要がある．ビル風は次のようなタイプに分類される．

### ○吹き降ろし

風は建物に当たると，建物の高さの 60 ～ 70 % 付近を分岐点とし，上下・左右に分かれる特徴がある．その左右に分かれた風は，建物の側面を上方から下方の方面に斜めに流れる速い風となる．この風が吹き降ろしである．

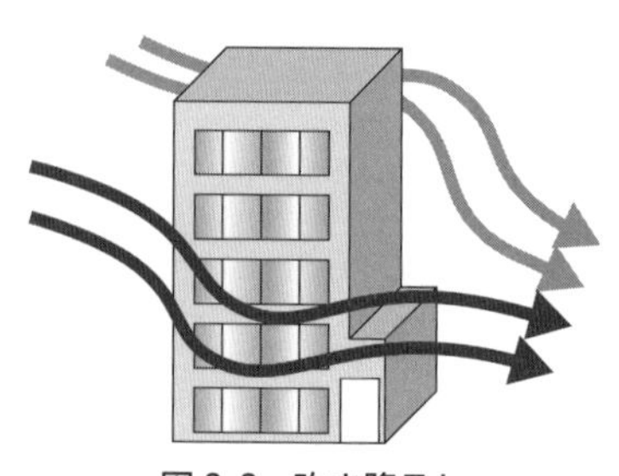

図 9-3　吹き降ろし

### ○逆流

建物に当たった風の一部は，建物の高さの 60 ～ 70 % 付近の分岐点より壁に沿って下降し，上空の風とは反対方向に向かう風となる．この風を逆流といい，複雑な流れとなる．

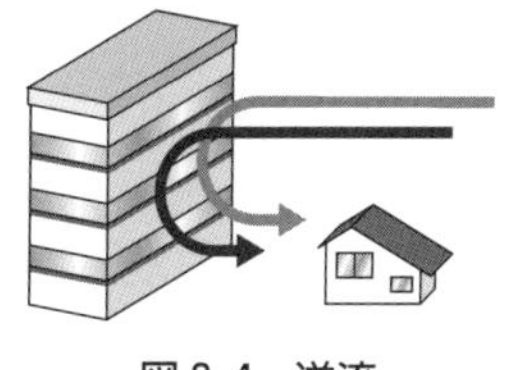

図 9-4　逆流

### ○街路風

市街地では，風は街路に沿って流れる特徴があり，地上付近と上空では風の強さが異なることが多い．

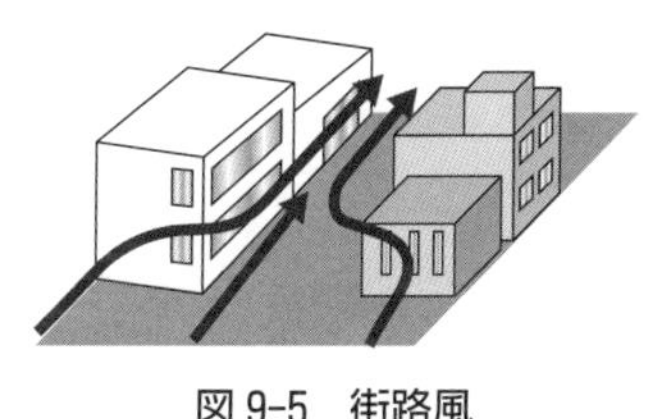

図 9-5　街路風

### ○ピロティー風

建物下部に設けられるピロティーのような開口部がある場合，建物に向かう風が集まって吹き抜けていくことで，速い風が発生する．

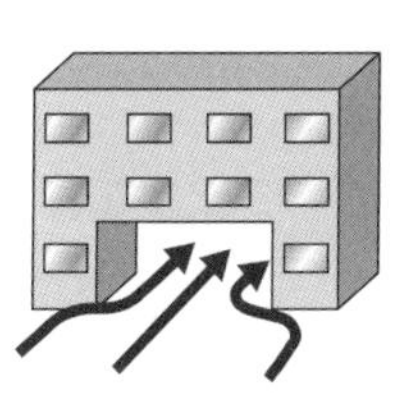

図 9-6　ピロティー風

## 9-4　風の特徴

**風の流れは水と同じように地形に沿って流れる．**

山の斜面に当たった風はその地形に添って斜面をかけ上がる．ビルに当たった風は左右と上方向に流れていく．山と山の合間や谷筋には，「吹き抜け」と呼ばれる風が集束し，風速が急激に上昇するポイントとなっている．

また，河川の周辺に見られる特徴的な風の動きを「川風」と呼ぶ．このように風の発生と動きは複雑であり，UAV（ドローン）の飛行に影響を与える力があるため，飛行前および飛行中においては，常に風の動きに注意することが重要である．

## 9-5　風力

風力とは，風の強さまたは風の持つエネルギーのことであり，風の速度を目視で観測する尺度である「ビューフォート風力階級」が有名である．気象庁もビューフォート風力階級をもとに風力階級表を作成している．

ビューフォート風力階級は以下のとおりである．

表 9-1　ビューフォート風力階級

| 風力 | 地上 10m における風速 m/sec | 名称 | 相当する状態 | |
|---|---|---|---|---|
| | | | 陸上 | 海上 |
| 0 | 0 〜 0.2 | 平穏（へいおん）<br>静穏（せいおん）<br>(Calm) | 静穏，煙は真っ直ぐ昇る． | 海面は鏡のように静かである． |

| | | | | |
|---|---|---|---|---|
| 1 | 0.3 ～ 1.5 | 至軽風（しけいふう）(Light air) | 風向は煙のなびき方で分かるが，風向計ではわからない． | うろこのようなさざ波ができるが，波がしらに泡はない． |
| 2 | 1.6 ～ 3.3 | 軽風（けいふう）(Light breeze) | 顔に風を感じる．木の葉が動く．風向計も動き出す． | 小さい小波が明らかに認められる．波長は短い．波がしらは滑らかに見える． |
| 3 | 3.4 ～ 5.4 | 軟風（なんぷう）(Gentle breeze) | 木の葉や小枝が絶えず動く．軽い旗が開く． | 大きい小波ができる．波がしらは砕け始め，ところどころに白波が現れる． |
| 4 | 5.5 ～ 7.9 | 和風（わふう）(Moderate breeze) | 砂ぼこりが立ち，紙片が舞い上がる．小枝が動く． | 小さい波ができる．白波がかなり多くなる． |
| 5 | 8.0 ～ 10.7 | 疾風（しっぷう）(Fresh breeze) | 葉のある灌木がゆれはじめる．池や沼の水面に波がしらが立つ． | 中ぐらいの波ができる．白波がたくさん現れる． |
| 6 | 10.8 ～ 13.8 | 雄風（ゆうふう）(Strong breeze) | 大きな枝が動く．電線が鳴る．傘がさしにくくなる． | 大きな波ができ始める．波がしらの泡立つ範囲が広くなる． |
| 7 | 13.9 ～ 17.1 | 強風（きょうふう）(High wind) | 樹木全体が揺れる．風に向かって歩きにくい． | 波はますます大きくなり，砕けた波から立った白い泡は，風下に吹き流され始める． |
| 8 | 17.2 ～ 20.7 | 疾強風（しっきょうふう）(Gale) | 小枝が折れて飛ぶ．風に向かって歩けない． | 波長の長い，小さめの大波になる．波がしらの端は砕けてしぶきになり始める．泡は風下に吹き流される． |
| 9 | 20.8 ～ 24.4 | 大強風（だいきょうふう）(Strong gale) | 建物の瓦が剝がれる等の被害が起こる． | 大波になる．泡は筋を引いて風下に吹き流される．波がしらは崩れ落ち，逆巻はじめる．飛沫のために視程は短くなる． |

| | | | | |
|---|---|---|---|---|
| 10 | 24.5 ～ 28.4 | 全強風（ぜんきょうふう）暴風（ぼうふう）(Storm/Whole gale) | 内陸ではあまりおこらない．樹木が根から倒れ，人家に甚大な被害が出る． | 波がしらが高くのしかかるような大波になる．大きな塊となった泡は，筋を引いて風下に吹き流される．海面は全体が白く見え，波の崩れ方は激しくなる．視程は短くなる． |
| 11 | 28.5 ～ 32.6 | 暴風（ぼうふう）烈風（れっぷう）(Violent storm) | めったに起こらない．広範囲の破壊を伴う． | 山のような大波になる．海面は，泡の塊で完全に覆われる．至る所で波がしらの端が吹き飛ばされ水煙となる． |
| 12 | 32.7 | 颶風（ぐふう）(Hurricane) | — | 大気は，泡と飛沫で充満する．海面は吹き飛ぶ飛沫のため完全に白くなる． |

UAV（ドローン）の飛行目安となる風速 5 m は，風力 3 に相当する．

# 第 10 章　飛行の安全対策について

UAV（ドローン）の飛行に際して，航空法などの法令順守，安全の確保，気象条件や周辺環境の正確な把握が重要である．

特に公共測量等の業務や災害時等の非常時においてUAV（ドローン）を飛行させる場合，必要な情報を一定の精度で取得することが必要である．飛行範囲が広範囲となると，撮影範囲内の地形や地物の影響を受ける確率が高くなると想定される．

そのため，常日頃から飛行に対する安全対策に万全の対策を行うことが重要であり，**“安全対策なくして飛行はあり得ない”** ことを第一優先に認識する必要がある．

安全飛行のために必要と思われる安全確認の例を以下に述べる．実際には使用する機体の種類，関係組織の環境や技量，飛行条件などによって必要となる安全対策は異なる．適切かつ安全な飛行の実施のため，柔軟に対応しつつ最善の安全対策を講じることが必要である．

## 10-1　事前における安全対策

UAV（ドローン）を飛行させるための事前の安全対策として，マニュアル作成や体制の整備が必要である．**事前対策の準備によってUAV 飛行全体の安全対**

策が確立される.

**○事故対応マニュアルの作成**

飛行中に事故等が発生した場合，作業員等がどのような対応を取るべきかを示した事故対応マニュアルをあらかじめ作成しておくことが必要である.

この事故対応マニュアルには，下記の事項についての具体的な対応方法について記述することが必要である.

① 事故等が発生した際の一般的な対応手順および対応方法について
- 負傷者等の救出および応急措置
- 二次災害の発生防止措置
- 事故等の発生現場，状況確認，情報収集および必要に応じて状況保存

② 緊急連絡体制および緊急連絡先について
- 警察，消防等への連絡
- 関係機関，関係者への連絡

なお，緊急連絡体制や緊急連絡先については，実際の現場ごとに連絡先が異なるため，事前に連絡先等の情報を確認しておくことが重要である.

**○飛行体制の整備**

UAV（ドローン）を安全に飛行させるために，社内（組織内）管理体制として「運行管理者，安全管理者，整備管理者」を配置し，現場作業体制として「作業班長，操縦者整備者，モニター監視者，機体

監視者，保安員」を配置することが原則とされている．ただし，同一の者が複数の管理者を兼ねることができる．

各管理者の役割等は，以下のとおりである．

### ○社内（組織内）管理体制

**・運航管理者**

運航管理者は，UAV の運航全般を管理する責任者として，飛行計画の作成と飛行記録の管理を行い，運行全般の責任を負う．

**・安全管理者**

安全管理者は，UAV を安全に運航させるうえでの安全管理に関する責任者として，事故対応マニュアル等の整備と周知，事故等の記録と管理を行い，安全管理全般の責任を負う．

**・整備管理者**

整備管理者は，使用する UAV の機器の状態や，点検・整備を管理する責任者として，機体およびバッテリーの管理と点検記録の管理を行い，整備全般の責任を負う．

### ○現場作業体制

**・現場班長**

現場班長は，現場において UAV の運航に関するすべての責任を持ち，操縦者を含めた他の作業員に対し必要な指示や応対を行う．また，現場の状況に応じて飛行中止の決定権を有する.

- **操縦者**

操縦者は，現場班長の指示に従い，UAV の飛行に必要な情報のシステム設定や操縦を行う. UAV 飛行について，一定の技能と知識，経験を有することが求められる.

- **整備者**

整備者は，UAV の日常点検や飛行前後の機体の整備や調整を行う.

- **モニター監視者**

モニター監視者は，飛行中にモニターを使用して UAV の状態を常に監視し，必要に応じて情報を現場班長や操縦者に伝える作業を行う. ただし，使用する機体によっては，操縦者が使用するコントローラ（プロポ）とモニターが一体となっており，このような場合には，モニター監視者を操縦者が兼務することが可能である.

- **機体監視者**

機体監視者は，常に飛行している機体や天候，周囲の状況を監視する. 異常等が発生した場合には，速やかに現場班長や操縦者に伝える作業を行う. また，機体が墜落した場合には，機体の捜索と回収，火災の発生等への初期対応を行う. 飛行範囲内の現地調査の結果に基づいて，安全な飛行に必要な人数の機体監視者を配置が必要である．

なお，操縦者が目視飛行する場合であっても，安全対策上，操縦者以外に機体を常に監視できる機体監視者を１名以上配置することが必要である．

・**保安員**

不特定の第三者が飛行範囲内に侵入する恐れがある場合には，現地に保安員を配置する．第三者が飛行範囲内に進入することがないよう適切な対応をとることが必要である．また，飛行範囲の状況に応じて，適切な人数の保安員を配置することが重要である．

### ○作業従事者等に対する教育及び周知

安全管理者は，各管理者やUAVを使用する作業に従事するすべての作業者に対し，UAVに関連する法律や特徴，作業方法，安全対策等を，作業着手前に教育することが必要である．また，事故対応マニュアルの内容について，あらかじめ作業員等に対し周知することで，安全対策の意識を高めることが重要である．

### ○作業従事者の確保・育成

作業実施機関は，UAVの操縦者および整備者の専門技術者について，操縦や整備の知識および能力の維持，向上を図るため，必要な研修，訓練等を行うことが必要である．第三者が主催する講習会等を利用することも非常に有効である．

### ○保険の加入

作業実施機関は，作業時における万が一の事故に対応できるよう，保険への加入等が必要である．この場合，保険による補償額は，事故が発生した場合の損害を賄えるものであることが求められる．

## 10-2　日常における安全対策

飛行時の機体トラブルを未然に防ぐには，日常的にUAV（ドローン）を適切に管理，維持するための整備及び点検等のメンテナンスが重要である．

### ○日常における点検・整備の実施

日常的にUAV本体の点検や整備を適切に行うとともに，必要な部品の交換などの整備が必要である．ただし，点検・整備は外見のみに留め，無理に機体の分解等は行ってはいけない．

もし，不具合等が認められた場合には，機体の製造元か正規代理店に修理等を依頼する．

日常点検の項目例は，以下のとおりである．

- 機体本体やプロペラの損傷，変形の確認
- 機体や送信機のネジなどの緩みや脱落の確認
- カメラの動作確認
- バッテリーの損傷や変形の確認
- バッテリーの充電状態の確認（放電はされているか等）
- 送信機とタブレットの接続ケーブルの確認
- モーター音の確認

- カメラジンバルの動作確認
- 機体，カメラ，送信機の清掃

### ○定期点検の実施

UAVは，機体の製造元が推奨する期間ごとに，また，特に定めがない場合は1年または合計100時間の飛行を目途に，機体の定期的な点検を専門の第三者機関や機体の製造元等で実施することが必要である．

### ○整備と点検の記録

作業実施機関は，使用するUAVの点検・整備の状況を記録し，その記録を適切に管理する必要がある．機体の点検・整備の記録や管理は，整備管理者が責任を持って行う．

機体の点検・整備の記録の項目例は，以下のとおりである．

- 機体の識別番号等
- 点検・整備の日付
- 点検・整備の実施者（整備者）
- 点検・整備の内容
- 機体の部品の交換を行った場合は，交換した部品の位置や数

### ○ファームウェア等のアップデートの確認

UAV飛行で使用しているファームウェアや機体，送信機，バッテリー，カメラの設定を行うアプリケーションシステム，また，使用するタブレット

は，安全性等を高めるため不定期にアップデートが行われる．現在使用しているファームウェア等のシステムが最新の状態であるか，日常的に確認をする必要がある．

また，アップデートを実施した場合には，必ず，すべての機材に電源を入れ，アプリケーションシステム設定の確認，地上での動作確認を行ったうえで，テスト飛行を実施し不具合等が発生していないか確認することが必要である．

## 10-3　飛行前の安全対策

飛行時の機体および飛行場所でのトラブル等を未然に防ぐために，事前に現地調査等を実施し，適切な飛行のための全体計画の作成および事前準備を実施する必要がある．

### ○現地調査の実施

全体計画の作成に当たり，飛行場所の地形や地物等の状況を把握する必要がある．安全管理上必要な安全対策の確認や離着陸場所や飛行範囲を決定するため，事前に現地調査を行うことが重要である．

### ○全体計画の作成

運行管理者は，安全対策，作業の効率化などのため，飛行における全体計画を作成することが必要である．

全体計画の項目例は，以下のとおりである．

- 飛行の予定日時および予備日
- 飛行範囲（作業範囲，UAV 離着陸場など）
- 目的
- 作業の方法（飛行方法，標定点設置の有無など）
- 使用するUAV
- 現場作業体制（現場班長，操縦者など）
- 緊急時の連絡体制および連絡先

**○必要な届け出等の確認**

航空法に定められたルールによらずにUAVを飛行させる場合には，作業を開始する前に，必ず，国土交通大臣の許可や承認を得るための申請が必要である．

また，航空法以外の法律や条令等に抵触する恐れが考えられる場合は，事前に状況をしっかりと把握し情報を集めたうえで，関係機関に相談し，必要ならば届け出を行うことが必要である．

**必要な届け出は，UAV を飛行させる者の義務である．**

**○土地所有者および居住者等への連絡**

飛行予定範囲内に私有地や家屋等が存在する場合には，トラブルを避けるために，事前に飛行の目的や日程等を説明し，土地所有者や居住者の承諾を得る必要がある．

また，公共測量等でUAV 飛行を行う際には，発注機関から地元代表者に連絡をしてもらい，回覧等であらかじめ地元に通知する方法がよい．

**○情報共有の確認**

飛行前には必ず，作業員全員と下記の情報共有を図る．

- 飛行ルートおよび飛行区域の確認
- 第三者への事前連絡および注意喚起の確認
- 第三者に対しての安全確保の確認
- 作業手順，作業分担の確認
- 飛行障害物の確認
- 気象情報の確認

## 10-4　飛行開始時おける安全対策

飛行開始時の確認として，機体の状態確認と作業員による情報共有を実施する．機体の確認において，異常が認められた場合や気象条件の変化等によって安全な飛行ができないと判断された場合には，飛行の中止を決定することが重要である．

機体の点検項目例は，以下のとおりである．

**○飛行開始時の機体確認**

- 風速，天候の確認
- ブレード装着の確認
- 機体外部の損傷および変形の確認
- 機体のねじやカメラ等の装着確認
- 機体，送信機，タブレットのバッテリーの確認
- 予備バッテリーの確認

- 送信機（プロポ）のモード確認
- 送信機（プロポ）の設定確認（距離制限，高度制限，ゴーホーム高度等）
- 記録メディア（SD カード等）の装着および容量の確認
- 電波干渉の確認
- モーター音の確認
- キャリブレーションの確認

1章 2章 3章 4章 5章 6章 7章 8章 9章 10章 11章 12章

## 10-5　飛行中の安全対策

飛行中は，操縦者，監視員とも UAV（ドローン）の飛行状態を常に監視する必要がある．

### ○操縦者の確認

- 安全飛行のため，気象状態，周辺障害物の状態等を常に意識する．
- 急なトラブルに対応できるよう，飛行位置と周辺地上の状態を確認しながら飛行し，不測の事態に備え緊急着陸が即座に取れるように意識する．
- 機体の異常，周辺環境の異常，第三者の接近等を意識する．
- 機体の異変を察知するため，常に飛行音を意識する．
- 常に冷静な判断ができるように意識する（経験が重要）．
- 安全確保のため，故意に墜落させる勇気も重要

（機体の損傷はあきらめる）．

### ○監視員の確認

- 気象情報や周辺障害物の異常を察知した場合には，直ちに操縦者に伝える体制を確保する．
- 機体の異常，周辺環境の異常，第三者の接近が認められた場合には，直ちに第三者の安全確保と操縦者に伝える体制を確保する．
- 非常事態により緊急着陸態勢になった際には，第三者の安全確保のための対策を常に意識する．
- 機体の異変を察知するため，常に飛行音を意識する．
- 作業員全員との連絡体制を維持する．

### ○慣らし飛行での確認

操縦者はUAVの慣らし運転を行い，機体の調子を確認することが必要である．慣らし運転では，3 m程度の高度でホバリングさせ，下記の確認を行う．

- 周辺および上空の障害物の確認
- モニターの表示確認
- 衛星電波の受信状況の確認
- モーター音の確認
- ホバリング状態での機体安定性の確認
- ゆっくりとしたスティック操作による機体動作の確認

もし，異常が確認された場合には，直ちに着陸させ，異常箇所の確認および整備を行い，安全な飛行ができないと判断された場合には，飛行を中止する．

### ○飛行中止の条件

現場作業時に以下の状況が発生した場合，現場班長は飛行中止を決断し，操縦者は直ちに飛行を中止しなければいけない．飛行中に中止する場合には，直ちに離着陸場所に戻るか，安全を確保できる場所に着陸させる．

- 天候，気象条件が急変した場合
- 雷鳴が聞こえた場合
- 降雨または霧，降雪が確認された場合
- 風速が5 mを超えた場合
- 航空機や他のUAV，凧，鳥類など他の物体が接近した場合
- 物件（建物，鉄塔，電線等）に対し接近した場合
- 飛行中に機体の部品の一部が破損，または落下した場合
- 飛行中の機体の異常動作または異常音が発生した場合
- バッテリー容量が急激に減少し，飛行の継続が困難と判断された場合
- 衛星電波の受信が正常に機能しなくなった場合
- 機体とモニター間の無線通信が遮断され，機体の状況を監視できなくなった場合
- 電波混信が発生し，正常な無線通信が行われない状況になった場合

- 事故の発生その他緊急に運航を中止する必要が生じた場合

## 10-6　飛行後の安全対策

飛行終了後は，現場班長は飛行の状況について記録し，運航管理者に報告する．また，整備者は，飛行終了後に機体の点検を行い，異常の有無を確認し記録する．

UAV の飛行は，**すべての電源をオフにするまでが飛行中**という意識を持つことが大切である．

### ○飛行後の機体確認

- すべての電源が OFF になっているかの確認
- 機体およびカメラに損傷や変形がないかの確認
- ブレードに損傷や変形がないかの確認
- 機体およびブレードに付着したゴミやほこりを取り除いた状態であるかの確認

### ○操縦者および監視員の確認

- 飛行中に気づいた事象の情報共有を図る．
- 飛行中の安全対策の不備や不安を確認し，次回に生かす．

### ○飛行の記録

運行管理者は，使用する UAV の機体ごとに飛行実績を記録し，その記録を適切に管理する必要がある．記録は，作業のみでなく訓練も含めたすべての飛行を対象に作成するようにする．

記録すべき項目例は，以下のとおりである．

- 飛行年月日
- 飛行時刻および飛行時間（自動運航を行った時間等）
- 飛行場所
- 飛行目的
- 操縦者
- 飛行状況（飛行方法，気象状況等）
- 事故，異常，トラブル等

**「UAV（ドローン）は墜落する」**というリスクを十分理解し，すべての責任は操縦者が負う覚悟が必要である．したがって，いかにトラブルを回避し，**「安全な飛行をするために必要なものは何か」**と常に考える必要がある．

安全飛行に必要なものは，

- 操縦，メンテナンスの技術
- 飛行理論の理解
- 機体，気象，法律等の知識

である．

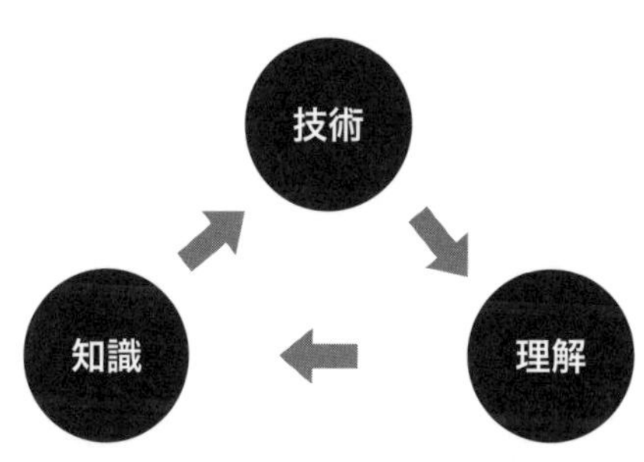


図 10-1　安全飛行

メモ欄

# 第 11 章　飛行における注意事項



国土交通省航空局の“無人航空機（ドローン，ラジコン機等）の安全な飛行のためのガイドライン（令和元年 7 月 30 日）”に，飛行における注意事項が述べられている．以下の事項に注意しながら飛行させることが重要である．

**「無人航空機（ドローン，ラジコン機等）の安全な飛行のためのガイドライン」より抜粋（一部加筆）**

（1）飛行させる場所

○空港等の周辺では，飛行禁止空域が詳細に設定されています．誤って急上昇させるなどにより飛行の禁止空域に飛行させることがないよう，原則として**空港等の周辺では無人航空機を飛行させない**でください．

※飛行させる場合には，可能な限り飛行高度が表示される機体を使いましょう．

○空港等以外の場所でも，ヘリコプターなどの離着陸が行われる可能性があります．**航行中の航空機に衝突する可能性のあるようなところでは，無人航空機を飛行させない**でください．

○操縦ミスなどで無人航空機が落下した際に，下に第三者がいれば大きな危害を及ぼすおそれがあります．**第三者の上空では飛行させない**でください．**学校，病院等の不特定多数の人が集ま**

**る場所の上空では飛行させない**でください．

○**高速道路や新幹線等**に，万が一無人航空機が落下したりすると，交通に重大な影響が及び，非常に危険な事態に陥ることも想定されます．**それらの上空およびその周辺では無人航空機を飛行させない**でください．

○**鉄道車両や自動車等**は，トンネル等目視の範囲外から突然高速で現れることがあります．そのため，**それらの速度と方向も予期して，常に必要な距離（30 m）を保てるよう飛行させてください．**

○**高圧線，変電所，電波塔および無線施設等の施設の付近ならびに多数の人が Wi-Fi などの電波を発する電子機器を同時に利用する場所**では，電波障害等により操縦不能になることが懸念されるため，**十分な距離を保って無人航空機を飛行させてください．**

（２）飛行させる際には

○**アルコール等を摂取した状態では，**正常な操縦ができなくなるおそれがありますので，**無人航空機を飛行させない**でください．

○無人航空機は風の影響等を受けやすいことから，**飛行前には，**

- **安全に飛行できる気象状態であるか**
- **機体に損傷や故障はないか**
- **バッテリーの充電や燃料は十分か**

など，**安全な飛行ができる状態であるか確認**するようにしましょう．

○**周辺に障害物のない十分な空間を確保して飛行させる**よう心がけましょう．特に無人航空機の飛行速度が出ている際には，法令で定められている距離（30 m）以上に余裕を持った距離を人や物件から取りましょう．

○**飛行させる場所に多数の人が集まることが判明した場合**には，無人航空機が落下した際に第三者に危害を及ぼすおそれがありますので，**無人航空機を飛行させない**でください．

○航空機との接近または衝突を回避するため，**航空機を確認した場合には，無人航空機を飛行させない**でください．

○他の無人航空機との接近または衝突を回避するため，**他の無人航空機を確認した場合には，安全な間隔を確保して飛行させてください．また衝突のおそれがある場合には地上に降下させてください．**

○国土交通省から，災害等による被災地周辺での捜索救難機の安全を確保するための**飛行自粛等の要請があった際には，無人航空機の不要不急の飛行は控えてください．**

○無人航空機の種類にもよりますが，**補助者に周囲の監視等してもらいながら飛行させることは，安全確保の上で有効**です．

○無人航空機の飛行を行う関係者であることを周

囲の人にわかりやすく伝えるために，**操縦者および補助者は無人航空機の関係者であることが容易に分かるような服装**（ベストの着用等）としましょう．

（3）常日頃から

○無人航空機を安全に飛行させることができるよう，メーカーの取扱説明書に従って，**定期的に機体の点検・整備を実施**し，早めの部品交換など万全の状態を心がけましょう．

○飛行中，突風等により操縦が困難になること，または予期せぬ機体故障等が発生する場合があります．このため，不測の事態を想定した操縦練習を行うなど，**日頃から技量保持に努めましょう．**

○安全に留意して無人航空機を飛行させても，不測の事態等により人の身体や財産に損害を与えてしまう可能性があります．このような事態に備え，**保険に加入しておくことを推奨**します．

○無人航空機が墜落した場合，地上の人または物件に被害を与えるだけでなく，火災を引き起こす可能性があります．**火災発生時の初期消火への備えとして，無人航空機に搭載する燃料や電池の種類，火災の種別等に応じた消火器等を準備・携行する**など，緊急時には，操縦者と補助者が適切に対処できる体制を構築してください．また，墜落した場合には，被害の軽減に努めるとともに，必要に応じ警察・消防等の関係機関に連絡してください．

〈初期消火方法の例〉

| 推進系統の種類 | 発動機の場合 | | | 電動の場合 | |
|---|---|---|---|---|---|
| | アルコール | ガソリン | リチウムイオン電池 | リチウムイオン電池 | ガソリン発電機用 |
| 初期消火方法の例 | 小型＆中型(最大離陸重量：25 kg 未満)<br>耐アルコール用消火器又は粉末（ABC)消火器（消火薬剤量 3 kg 以上のもの）<br><br>大型（最大離陸重量：25 kg 以上）<br>耐アルコール用消火器 | 粉末(ABC)消火器(消火薬剤量 3 kg 以上のもの) | 大量の水※1 | 大量の水※1 | 粉末(ABC)消火器(消火薬剤量 3 kg 以上のもの) |

※1　電池から火花が飛び散っている時は近寄らず，火花が収まってから，初期消火に努めること．また，火災に伴い破裂するおそれがあるため，近づく際には注意し，消火者以外は近づかないこと．



（４）無人航空機による事故等の情報提供

○万が一，無人航空機の飛行による人の死傷，第三者の物件の損傷，飛行時における機体の紛失もしくは航空機との衝突または接近事案が発生した場合には，**国土交通省（空港事務所）へ情**

**報提供をお願いします**．なお，安全に関する情報は，今後の無人航空機に関する制度の検討を行う上で参考となるものであることから，航空法等法令違反の有無にかかわらず，報告をお願いします．

○また，情報提供の方法は，「無人航空機（ドローン・ラジコン機等）の飛行ルール」（http://www.mlit.go.jp/koku/koku_tk10_000003.html）に掲載しておりますのでご活用ください．

# 第12章　無人航空機を用いた測量

無人航空機を用いて公共測量を実施する際，国土地理院が制定した「UAVを用いた公共測量マニュアル(案)」(平成28年3月制定，平成29年3月改正）に沿って測量を実施することになっている．マニュアル(案）の内容は，数値地形図の作成と三次元点群の作成についての標準的な作業方法が定められている．

本書においては，三次元点群作成の説明を主としているが，UAVを用いた公共測量作業の基本は，従来の空中写真測量の延長線上に位置づけられており，それにSfM（Structure from Motion）等の三次元点群データ作成技術が追加されている．したがって，UAV測量を理解するためには，空中写真測量の基本から理解する必要がある．

## 12-1　空中写真測量の基本①

空中写真測量とは，連続撮影された空中写真を用いて地形図(数値地形図データ)を作成する作業である．空中写真測量の原理は，以下のとおりである．

① 重複する2枚の空中写真を用いて撮影時の状態を再現する．

② 重複している範囲内で位置関係を合わせることで，三次元モデル(ステレオモデル)を作成する．

③ 三次元モデル（ステレオモデル）と現地の三次元位置座標とが整合が合うように調整し，縮尺や位

置座標を決定する．

④ 現地の座標と整合の取れた三次元モデル（ステレオモデル）から地形や地物を図化し，地形図（数値地形図データ）を作成する．

現在の空中写真測量における撮影機材は，デジタルカメラの使用が主流であるため，ステレオモデルはパソコンソフトを使用して作成される．

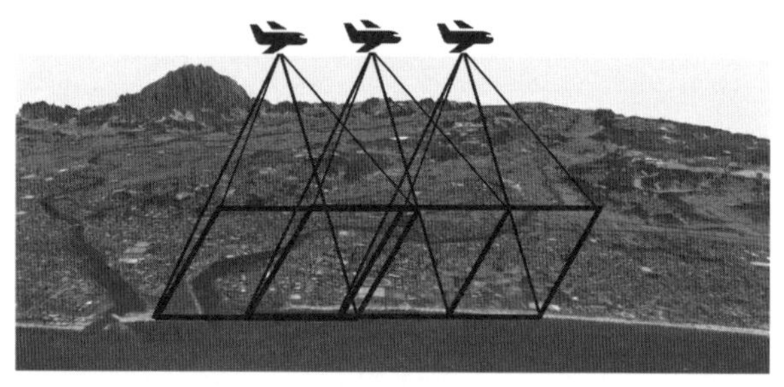

**図 12-1　空中写真測量イメージ**
（出典）地理院地図にイメージを加工して作成

空中写真測量で重要なのが，連続する**空中写真の重複**と現地の**測量座標との整合**である．

### ○空中写真の重複

写真測量の撮影では，隣接する写真を重複するように撮影することが重要である．これは，2枚の空中写真を用いて三次元モデルを作成するためには，2枚の写真画像のズレが必要のためである．人間も同じで，両眼で見た場合，左右の目で見えている網膜像に微妙なズレが発生している．このズレによって物の立体感や距離感を認識することができる．この映像のズレを**視差**という．空中写真測量でもこの微妙なズレ（視差）を用いて三次元モデルを作成する．

同一コース内の隣接する空中写真との重複度を**オーバーラップ**といい，隣接コースの空中写真との重複度を**サイドラップ**という．地形図作成の場合，オーバーラップは 60 %，サイドラップは 30 %であり，後述する UAV を用いた測量における点群データ作成の場合は，「オーバーラップ 80 %以上，サイドラップ 60 %以上」と重複度は異なる．



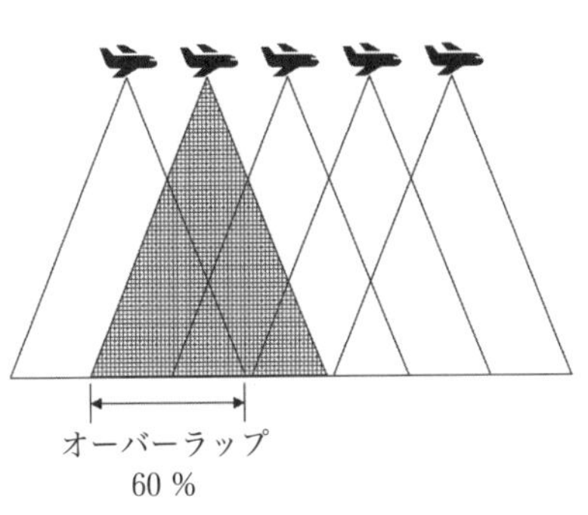


図 12-2　オーバーラップ，サイドラップ

### ○測量座標との整合

重複する写真の視差から作成される三次元モデルは，あくまで擬似的空間内でのモデルである．このモデルを地図データにするには，現地の水平位置や標高と整合させる必要がある．

モデルと地上の測量座標である（X，Y，Z）を対応付けるために必要な点（水平位置および標高の基準となる点）が**標定点**である．この標定点は撮影前に現地に設置し，測量座標を与えるための観測を実施する．

空中写真を地上点と対応させることを**標定**という．また，標定点が空中写真に明瞭に写り込むために設置する標識を**対空標識**という．

対空標識の設置については，「作業規程の準則」の「第４章　空中写真測量　第４節　対空標識の設置」において，下記のように定義されている．

> **第４節　対空標識の設置**
>
> **（要旨）**
>
> **第158条**　「対空標識の設置」とは，同時調整及び数値図化において基準点，水準点，標定点等（以下この節において「基準点等」という．）の写真座標を測定するため，基準点等に一時標識を設置する作業をいう．
>
> **（対空標識の規格及び設置等）**
>
> **第159条**　対空標識は，空中写真上で確認できるように，空中写真の縮尺又は地上画素寸法等を考慮し，その形状，寸法，色等を選定するものとする．

一　対空標識の形状は，次のとおりとする．

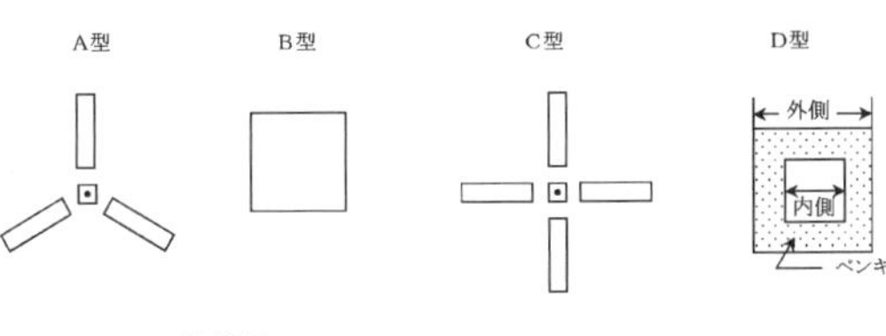


E型（樹上）

二　対空標識の寸法は，次表を標準とする．

<table>
<tr><th>形状<br>地図情報レベル</th><th>A，C型</th><th>B型, E型</th><th>D　型</th><th>厚さ</th></tr>
<tr><td>500</td><td>20 cm ×<br>10 cm</td><td>20 cm ×<br>20 cm</td><td rowspan="2">内側 30 cm・<br>外側 70 cm</td><td rowspan="5">4 mm ～ 5 mm</td></tr>
<tr><td>1000</td><td>30 cm ×<br>10 cm</td><td>30 cm ×<br>30 cm</td></tr>
<tr><td>2500</td><td>45 cm ×<br>15 cm</td><td>45 cm ×<br>45 cm</td><td>内側 50 cm・<br>外側 100 cm</td></tr>
<tr><td>5000</td><td>90 cm ×<br>30 cm</td><td>90 cm ×<br>90 cm</td><td>内側 100 cm・<br>外側 200 cm</td></tr>
<tr><td>10000</td><td>150 cm ×<br>50 cm</td><td>150 cm ×<br>150 cm</td><td>内側 100 cm・<br>外側 200 cm</td></tr>
</table>

三　対空標識の基本型は，A型及びB型とする．

四　対空標識板の色は白色を標準とし，状況により黄色又は黒色とする．

「作業規程の準則」　抜粋 12-1

## 12-2　空中写真測量の基本②（撮影高度と縮尺）

空中写真の撮影の際，求める精度に応じて撮影地域全体の計画上の縮尺である撮影縮尺が設定される．設定された撮影縮尺で撮影するための撮影高度は，使用するカメラのレンズ中心点からフィルム面（撮像素子：イメージセンサー）の距離である焦点距離が決まっているので，**図 12-3** のように相似比例の原理で自動的に計算できる．

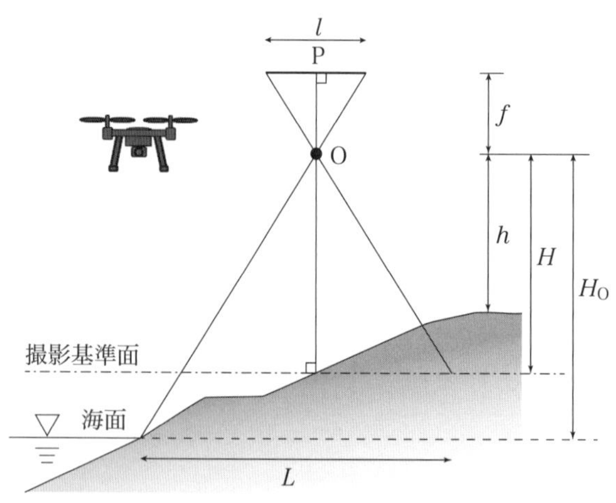


P：写真主点
O：レンズ中心
$f$：焦点距離
$h$：対地高度
$H$：撮影高度（相対撮影高度）
$H_O$：海抜撮影高度（絶対撮影高度）
$l$：写真上の距離
$L$：地上水平距離

$$\frac{f}{H}=\frac{l}{L}=\frac{1}{m}$$

$m$：写真縮尺

図 12-3　撮影高度と縮尺

この計算式は，空中写真測量の基本である．

## 12-3　UAV 測量の基本①

空中写真測量の最大のメリットは，広範囲の測量を効率よく実施することが可能であることである．しかし，撮影には航空機を使用しなければならず，撮影コストが高くなり，気軽に撮影を行うことは困難である．

カメラを搭載した UAV（ドローン）が発売されると，趣味等の利用目的のための空撮だけではなく，測量用の空撮にも利用されるようになった．その理由は，航空機を使用するほど広範囲の撮影は困難であるが，ある程度の範囲の撮影を効率よく，かつ低コストで容易に実施することが可能となったためである．

UAV 測量の種類は，「UAV を用いた公共測量マニュアル（案）」に定められているとおり，「**数値地形図の作成**」と「**三次元点群の作成**」の 2 種類がある．



## 12-4　UAV 測量の基本②（必要な機材等）

UAV 測量を実施するために必要な機材は以下のとおりである．UAV（ドローン）のみでは，空撮は可能であっても，UAV 測量はできないことに注意が必要である．

### ○ UAV（ドローン）本体と送信機

測量精度を満たすことができる性能のあるカメラが搭載され，ある程度の飛行時間も確保できる UAV（ドローン）が必要である．200 g 未満の模型航空機レベルでは UAV 測量は不可能である．

### ○アプリケーションシステム

「機体，送信機，バッテリー，カメラの設定を行うアプリケーションシステム，自動飛行（自律飛行）を計画・飛行させるアプリケーションシステム」が必要である．ただし，これらのシステムは，使用する機体に依存する．

### ○測量機材（標定点観測のため）

標定点を観測するためのトータルステーションまたはGNSS測量機が必要である．公共測量の場合の観測者は，測量士補または測量士の資格が必要である．

### ○図化システム（数値地形図作成用）

撮影された画像から三次元モデルを作成し，地形図（数値地形図データ）を作成する写真測量専用システムである．

### ○ SfM処理ソフトウェア（三次元点群作成）

SfM（Structure from Motion）処理とは，カメラで撮影された複数の画像から，撮影位置を推定し同一地点に対するそれぞれの画像の視差から対象物の三次元モデルを復元・構築する処理である．

### ○三次元点群処理ソフトウェア（三次元点群編集）

SfM処理ソフトウェアで作成された三次元モデルデータを編集するソフトウェア．SfM処理ソフトウェアに点群処理機能が含まれているソフトウェアもある.

**○三次元設計データ処理ソフトウェア（三次元設計データ作成）**

作成された三次元データを使用して設計データ等を作成するソフトウェア.

**○ハイスペックパソコン**

図化やSfM処理能力は，パソコンスペックに依存するところが大きい．そのため，CPUおよびGPU（3Dグラフィック）の処理能力の高いハイスペックパソコンが必須である.

撮影画像のみを使用する目的であるなら，UAV（ドローン）の購入のみで良いが，測量を目的とする場合には他の機材を購入するための費用が高額となり，かつ専門的な技術も必要となることに注意が必要である.

## 12-5　UAV測量の基本③（地上画素寸法と撮影高度）

三次元点群データ作成のための撮影では，作成する三次元点群データの位置精度に応じて，撮影高度が決定される．また，位置精度に応じた地上画素寸法は，「UAVを用いた公共測量マニュアル（案）」の「第57条　運用基準」において，次ページのように定義されている.

（撮影計画）

第 57 条　撮影計画は，撮影地域ごとに，作成する三次元点群の位置精度，地上画素寸法，対地高度，使用器機，地形形状，土地被覆，気象条件等を考慮して立案し，撮影計画図としてまとめるものとする．

〈第 57 条　運用基準〉

1　撮影する空中写真の地上画素寸法は，作成する三次元点群の位置精度に応じて，次表を標準とする．

| 位置精度 | 地上画素寸法 |
|---|---|
| 0.05 m以内 | 0.01 m以内 |
| 0.10 m以内 | 0.02 m以内 |
| 0.20 m以内 | 0.03 m以内 |

2　対地高度は，〔(地上画素寸法)÷(使用するデジタルカメラの 1 画素のサイズ)×(焦点距離)〕以下とし，地形や土地被覆，使用するデジタルカメラ等を考慮して決定するものとする．

「UAV を用いた公共測量マニュアル (案)」 抜粋 12-1

**○撮影高度の計算例**

作成する三次元点群データの位置精度は，地上画素寸法と撮影高度により決定される．つまり，使用する UAV の搭載カメラの最大静止画サイズとセンサーサイズから必要な位置精度を得るための撮影高度を決定することとなる．

以下に機種Aを使用し三次元点群データを作成する場合，および位置精度 0.10 m 以内を得るために必要な撮影高度の計算例を記す．

**① 機種Aのカメラ諸元の確認**

最大静止画サイズ　1 200 万画素（4 000 × 3 000）
センサーサイズ　6.2 mm × 4.65 mm
焦点距離　$f = 3.61$ mm

**② 1画素当たりのサイズを計算**

センサーサイズと画素数から，1画素あたりの

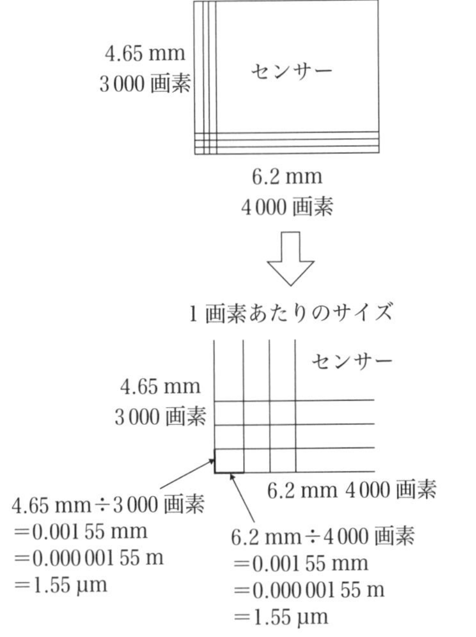


図 12-4　1画素あたりのサイズ

サイズを計算する.

### ③ 撮影高度の計算

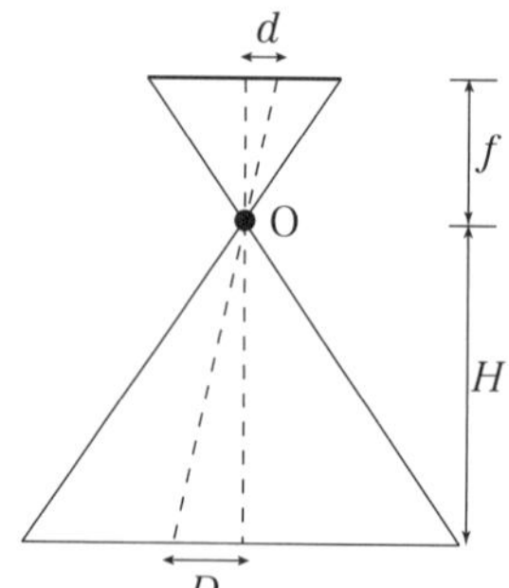


$d$：1 画素あたりのサイズ［m］
O：レンズ中心
$f$：焦点距離［m］
$H$：撮影高度［m］
$D$：地上画素寸法［m］

$\frac{f}{H}=\frac{d}{D}$ より $H=\frac{D}{d}\times f$

図 12-5　撮影高度

焦点距離：$f$ = 3.61 mm = 0.003 61 m，1 画素あたりのサイズ：$d$ = 0.000 001 55 m である.

第 57 条運用基準より，必要となる位置精度が 0.10 m 以内の場合の地上画素寸法が 0.02 m であることから，位置精度を満たすための撮影高度は，

$$H=\frac{D}{d}\times f=\frac{0.02\ \mathrm{m}}{0.000\,001\,55\ \mathrm{m}}\times 0.003\,61\ \mathrm{m}=46.58\ \mathrm{m}$$

したがって，位置精度 0.10 m を満たすための撮影高度は 46.6 m 以下となる.

**○参考例**

機種A（1 200 万画素）と機種B（2 000 万画素）を使用した場合，それぞれの位置精度を満たす飛行高度は，以下のとおりとなる.

・**機種A**

表 12-1　撮影高度A

| 位置精度 | 地上画素寸法 | 撮影高度 |
|---|---|---|
| 0.05 m以内 | 0.01 m以内 | 23.3 m以下 |
| 0.10 m以内 | 0.02 m以内 | 46.6 m以下 |
| 0.20 m以内 | 0.03 m以内 | 69.9 m以下 |

最大静止画サイズ
1200 万画素　(4000 × 3000)
センサーサイズ　6.2 mm × 4.65 mm
焦点距離　$f = 3.61$ mm
1画素あたりのサイズ
$d = 0.00000155$ m

・**機種B**

表 12-2　撮影高度B

| 位置精度 | 地上画素寸法 | 撮影高度 |
|---|---|---|
| 0.05 m以内 | 0.01 m以内 | 36.5 m以下 |
| 0.10 m以内 | 0.02 m以内 | 73.0 m以下 |
| 0.20 m以内 | 0.03 m以内 | 109.5 m以下 |

最大静止画サイズ
2000 万画素　(5000 × 4000)
センサーサイズ　13.2 mm × 8.8 mm
焦点距離　$f = 8.8$ mm
1画素あたりのサイズ
$d = 0.00000241$ m

### ○UAV 測量では

実務においては，"GS Pro" (Ground Station Pro；DJI の機体の自動飛行を制御または計画するように設計された iPad 用アプリ）などの自動飛行制御システムを使用し，撮影を行うため，要求精度に応じた撮影高度は容易に画面上で設定することが可能である．

## 12-6　UAV 測量の基本④（標定点および検証点の設置）

**標定点**とは三次元形状復元計算に必要となる水平位置および標高の基準となる点であり，三次元点群データの検証を行う点を**検証点**という．

標定点および検証点には対空標識を設置し，X，Y，

Zの値を与えるため，トータルステーションやGNSS測量機を使用して測量を実施する．

### ○標定点および検証点

標定点および検証点の設置は，第51条により定義されている．

> **第3章　標定点及び検証点の設置**
>
> **(要旨)**
>
> 第51条　標定点及び検証点の設置とは，三次元形状復元計算に必要となる水平位置及び標高の基準となる点（以下第3編において「標定点」という.）及び三次元点群の検証を行う点（以下「検証点」という.）を設置する作業をいう.
>
> 2　標定点及び検証点には対空標識を設置する.

「UAVを用いた公共測量マニュアル(案)」 抜粋12-2

### ○対空標識の模様

対空標識は，拡大された空中写真上で確認できるように形状，寸法，色等を選定するものとし，以下の模様を標準とする．(第16条)

> (参考)
>
> **〈第16条　運用基準〉**
>
> 1　対空標識の模様は，次を標準とする.

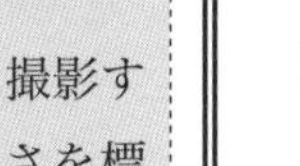

★型　X型　＋型　○型

2　対空標識の辺長又は円形の直径は，撮影する空中写真に 15 画素以上で写る大きさを標準とする.

3　対空標識の色は白黒を標準とし，状況により黄色や黒色とする.

4　対空標識の設置に当たっては，次に定める事項に留意する.

(1)　あらかじめ土地の所有者又は管理者の許可を得る.

(2)　UAV から明瞭に撮影できるよう上空視界を確保する.

(3)　設置する地点の状態が良好な地点を選ぶものとする.

5　設置した対空標識は，撮影作業完了後，速やかに回収し原状を回復するものとする.

6　空中写真上で周辺地物との色調差が明瞭な構造物が測定できる場合は，その構造物を標定点及び対空標識に代えることができる.

「UAV を用いた公共測量マニュアル (案)」　抜粋 12-3

次ページの**写真 12-1** は，高度 50 m から撮影した標定点の拡大写真である.

写真 12-1　標定点（例）

コメント

—対空標識—

標定点および検証点が空中写真に明瞭に写り込むために設置する標識を対空標識といい，システム上ではGCP（Ground Control Point）と表記されることが多い．対空標識の模様およびサイズは，使用するSfMシステムによって決められていることが多く，多くのシステムでは対空標識を自動抽出する機能が備わっている．

### ○標定点および検証点の配置

標定点および検証点の配置方法は，第53条により定義されている．

**標定点及び検証点の配置**

第53条　標定点は，計測対象範囲の形状，比高が大きく変化するような箇所，撮影コースの設定，地表面の状態等を考慮しつつ，次の各号のとおり配置するものとする．

一　標定点は，計測対象範囲を囲むように配置する点（以下「外側標定点」という.）及び計測対象範囲内に配置する点（以下「内側標定点」という.）で構成する.

二　外側標定点は，計測対象範囲の外側に配置することを標準とする.

三　内側標定点は，計測対象範囲内に均等に配置することを標準とする.

四　標定点の配置間隔は，作成する三次元点群の位置精度に応じて，以下の表を標準とする. なお，外側標定点は3点以上，内側標定点は1点以上設置するものとする.

| 位置精度 | 隣接する外側標定点間の距離 | 任意の内側標定点とその点を囲む各標定点との距離 |
| --- | --- | --- |
| 0.05 m以内 | 100 m以内 | 200 m以内 |
| 0.10 m以内 | 100 m以内 | 400 m以内 |
| 0.20 m以内 | 200 m以内 | 600 m以内 |

五　計測対象範囲内の最も標高の高い地点及び最も標高の低い地点には，標定点を設置することを標準とする. なお，これらの標定点は，外側標定点又は内側標定点の一部とすることができる.

2　検証点は，標定点とは別に，次の各号のとおり配置するものとする.

一　検証点は，標定点からできるだけ離れた場所に，計測対象範囲内に均等に配置することを標準とする.

二　設置する検証点の数は，設置する標定点の総数の半数以上（端数は繰り上げ．）を標準とする．

三　検証点は，平坦な場所又は傾斜が一様な場所に配置することを標準とする．

「UAVを用いた公共測量マニュアル（案）」 抜粋 12-4

標定点は，計測対象範囲を囲むように外側標定点を配置し，計測対象範囲内に内側標定点を設置する．また，標定点の総数の半数以上（端数繰り上げ）の検証点を計測対象範囲内に設置する．

標定点は地形の形状をよく考慮して設置しないと，三次元形状復元の計算精度に影響を与えるため，経験による判断が必要である．

また，マニュアルには，一般的な標定点の配置例は，以下のとおり示されている．

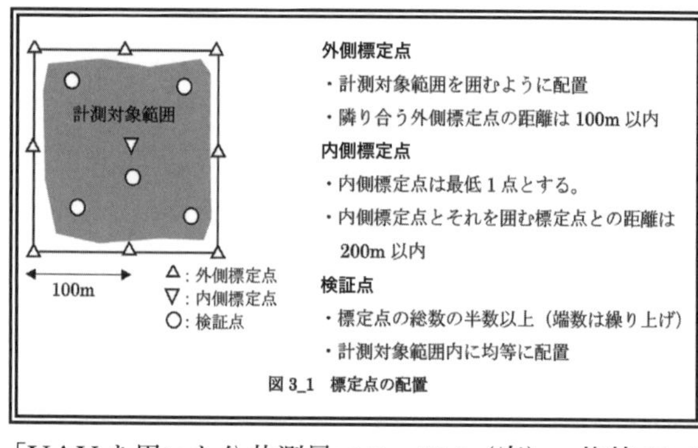

図 3_1　標定点の配置

「UAVを用いた公共測量マニュアル（案）」 抜粋 12-5

### ○標定点および検証点の設置例

標定点は，計測対象範囲をかこむように配置する“外側標定点”と計測対象範囲内に配置する“内側標定点”で構成され，設置間隔は第 53 条　第 1 項四を基準とする．

また，検証点は，第 53 条　第 2 項二により，設置する標定点（外側標定点＋内側標定点）の総数の半数以上（端数は繰り上げ）を標準とする．この条件を基準とした設置例を以下に記す．

#### ・最小標定点数の例（三角形範囲）

外側標定点は 3 点以上，内側標定点は 1 点以上設置する必要があることから，最小標定点数での計測対象範囲の最大範囲は，以下のとおりである．

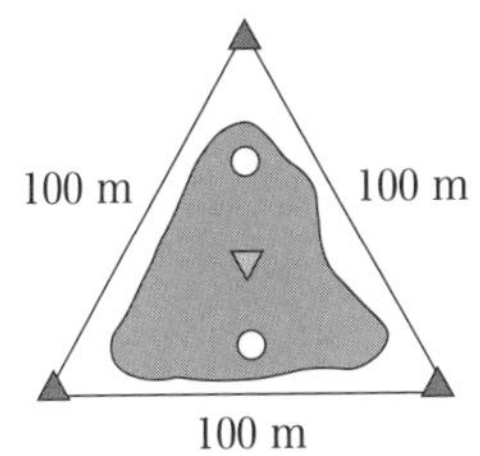


▲ 外側標定点：3 点
▽ 内側標定点：1 点
○ 検証点：2 点　$\frac{3+1}{2}=2$

合計 6 点の設置が必要！

図 12-6　標定点設置例①

1 辺 100 m の三角形の面積は，4 330 $m^2$ である．この三角形内に収まる計測対象範囲は，4 000 $m^2$ 以内となる．

#### ・最小標定点数の例（四角形範囲）

四角形範囲で標定点を設置する場合，外側標定点は4点以上，内側標定点は1点以上設置する必要があることから，最小標定点数での計測対象範囲の最大範囲は，以下のとおりである．

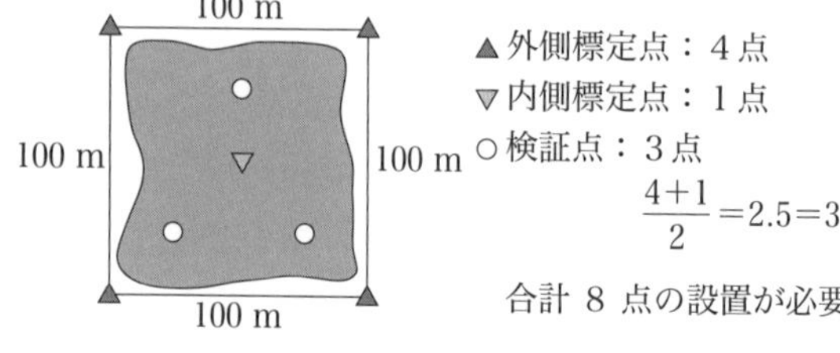


図 12-7　標定点設置例②

1辺100 mの四角形の面積は，10 000 $m^2$ である．この四角形内に収まる測量範囲は，10 000 $m^2$ 以内となる．

### ○標定点および検証点の観測

標定点および検証点の観測は，現地測量のTS点の設置に準じた観測を実施する．

**（標定点及び検証点の観測方法）**

第54条　標定点及び検証点の位置及び高さは，準則第3編第2章第4節第1款のTS点の設置に準じた観測により求めるものとする．ただし，作成する三次元点群の位置精度が0.05 m以内の場合には，準則第92条に示すTS等を用いるTS点の設置に準じて行うものとする．

〈第 54 条　運用基準〉

1　標定点及び検証点の観測結果については，精度管理表にまとめるものとする．

2　TS 等を用いる場合は，準則第 445 条第 3 項を準用し，次表を標準とする．

| 区分 | | 水平角観測 | 鉛直角観測 | 距離測定 |
|---|---|---|---|---|
| 方法 | | 2 対回（0°，90°） | 1 対回 | 2 回測定 |
| 較差の許容範囲 | 倍角差 | 60” | 60” | 5 mm |
| | 観測差 | 40” | | |

3　キネマティック法，RTK 法又はネットワーク型 RTK 法による TS 点の設置は，準則第 93 条及び第 94 条に準じて行うものとする．いずれの方法においても，観測は 2 セット行うものとする．1 セット目の観測値を採用値とし，2 セット目を点検値とする．セット間の格差の許容範囲は，X 及び Y 成分は 20 mm，Z 成分は 30 mm を標準とする．

「UAV を用いた公共測量マニュアル（案）」 抜粋 12-6

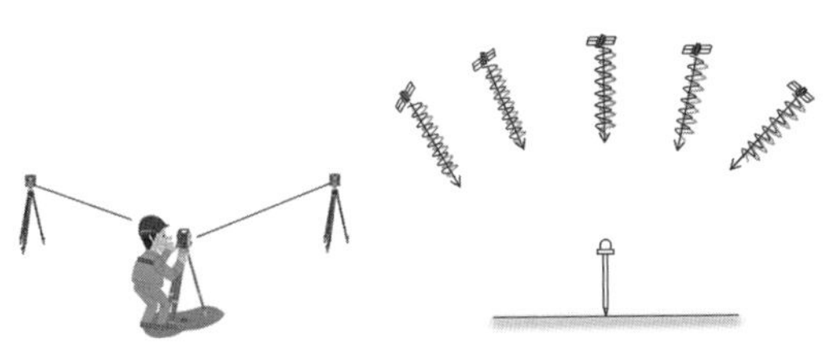

図 12-8　標定点の観測

付近に既存基準点（3，4級基準点）が設置されている場合には，トータルステーションを用いて標定点の観測を実施するか，GNSS測量機を使用して観測を実施する．

付近に既設基準点がない場合，ネットワーク型RTK法の単点観測法による観測を実施する場合が多い．その場合でも，作業地域周辺を囲むような既知点において整合を確認する必要がある．既知点数は3点以上を標準とする．ただし，作成する三次元点群の位置精度が0.05 m以内の場合には，標定点の観測はトータルステーションによる観測のみが可能である．

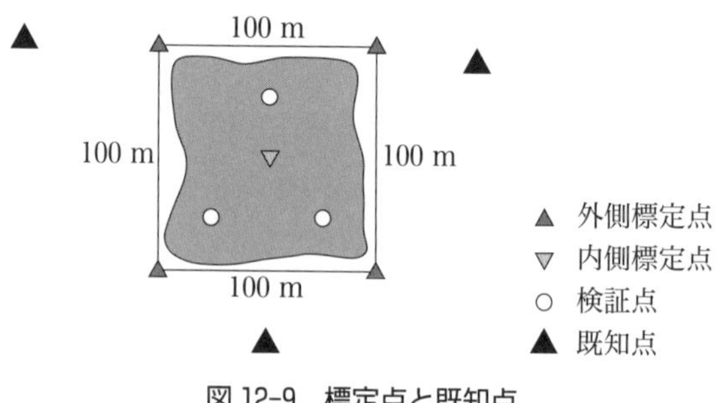


図12-9　標定点と既知点

## 12-7　UAV測量の基本⑤（撮影）

撮影を実施するにあたり，必要とする三次元点群データの位置精度に応じて，地上における画像画素の寸法を決定し，撮影高度，撮影範囲，重複度等を計画する．

（撮影計画）
第 57 条　撮影計画は，撮影地域ごとに，作成する三次元点群の位置精度，地上画素寸法，対地高度，使用器機，地形形状，土地被覆，気象条件等を考慮して立案し，撮影計画図としてまとめるものとする．

〈第 57 条　運用基準〉

1　撮影する空中写真の地上画素寸法は，作成する三次元点群の位置精度に応じて，次表を標準とする．

| 位置精度 | 地上画素寸法 |
|---|---|
| 0.05 m以内 | 0.01 m以内 |
| 0.10 m以内 | 0.02 m以内 |
| 0.20 m以内 | 0.03 m以内 |

2　対地高度は，〔(地上画素寸法)÷(使用するデジタルカメラの 1 画素のサイズ)×(焦点距離)〕以下とし，地形や土地被覆，使用するデジタルカメラ等を考慮して決定するものとする．

3　撮影基準面は，撮影地域に対して一つを定めることを標準とするが，比高の大きい地域にあっては，数コース単位に設定することができる．

4　焦点距離は，レンズの特性や地形等の状況によって決定するものとする．決定した焦点距離は，撮影終了まで固定することを標準とする．ただし，地形形状等からオートフォーカスを使用することが適切であると判断される場合は，この限りではない．

5　UAVの飛行速度は，空中写真が記録できる時間以上に撮影間隔がとれる速度とする．

6　同一コースは，直線かつ等高度で撮影することを標準とする．

7　撮影後に実際の写真重複度を確認できる場合には，同一コース内の隣接空中写真との重複度が80 %以上，隣接コースの空中写真との重複度が60 %以上を確保できるよう撮影計画を立案することを標準とする．撮影後に写真重複度の確認が困難な場合には，同一コース内の隣接空中写真との重複度は90 %以上，隣接コースの空中写真との重複度は60 %以上として撮影計画を立案するものとする．

8　コースの位置及び隣接空中写真との重複度は，次の各号に配慮するものとする．

(1)　実体空白部を生じさせない

(2)　隠蔽部ができる限り少なくなるようにする

9　外側標定点を結ぶ範囲のさらに外側に，少なくとも1枚以上の空中写真が撮影されるよう，撮影計画を立案するものとする．

10　撮影計画は，撮影時の明るさや風速，風向，地形・地物の経年変化等により，現場での見直しが生じることを考慮しておく．

「UAVを用いた公共測量マニュアル(案)」 抜粋 12-7

撮影高度の決定方法については，②UAV 測量の基本（地上画素寸法と撮影高度）を参照されたし．



### ○隣接空中写真との重複度（オーバーラップ，サイドラップ）

同一コース内の隣接空中写真との重複度（オーバーラップ）が 80 %以上，隣接コースの空中写真との重複度（サイドラップ）が 60 %以上を確保できるように撮影を実施することを標準とする．

ただし，撮影後に写真重複度の確認が困難な場合には，同一コース内の隣接空中写真との重複度（オーバーラップ）は 90 %以上，隣接コースの空中写真との重複度（サイドラップ）は 60 %以上として撮影を実施する．システム上で重複度を自動点検できない場合は，オーバーラップ 90 %以上で撮影を実施し重複度確認を省略するのが望ましい．

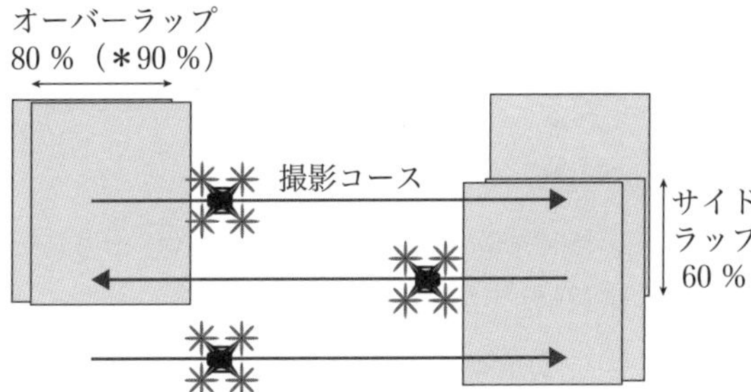


図 12-10　写真重複度

### ○撮影コース

撮影コースは，外側標定点を結ぶ範囲のさらに外側に少なくとも１枚以上の空中写真が撮影されるよう，撮影コースを設定する．

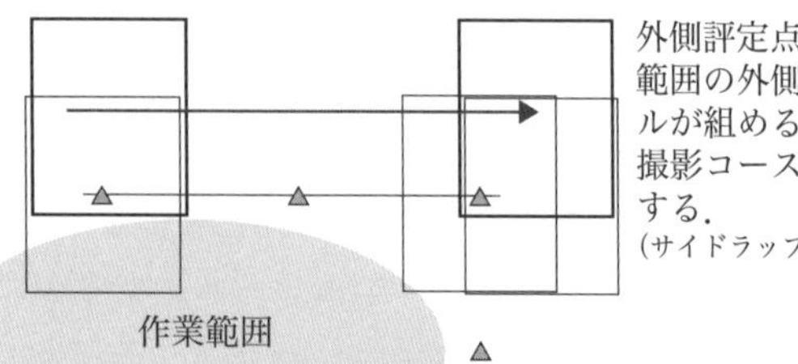


図 12-11　撮影コース

写真 12-2　撮影イメージ

**コメント**

**―撮影時の天候―**

空中写真測量の撮影に適している天候は曇りの日である．快晴時には影の影響で明暗がはっきりと分かれて，影の部分が見えない場合や SfM 処理による三次元モデル作成ができない場合が発生する．また，太陽の位置が低い朝夕では，影が長くなる影響も出るため，太陽位置の高い昼前後の撮影がベストである．

## 12-8　撮影計画（応用編）

比高差のある場所の撮影（斜面等）においては，全体の精度を均一に保つために，飛行高度の設定が重要である．

作成する三次元点群データの位置精度は撮影高度によって決定されるため，比高差のある場所の撮影を同一飛行高度で撮影を行うと，標高の低い箇所の精度が低くなり，標高の高い箇所の精度が高くなるという，精度の不均一が発生する．

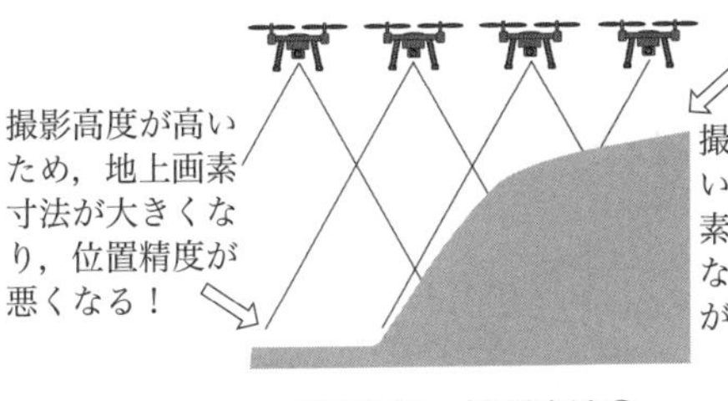


図 12-12　撮影方法①

全体の三次元点群データの位置精度を必要精度に保つため，撮影高度を分けた複数回の飛行を実施する必要がある．

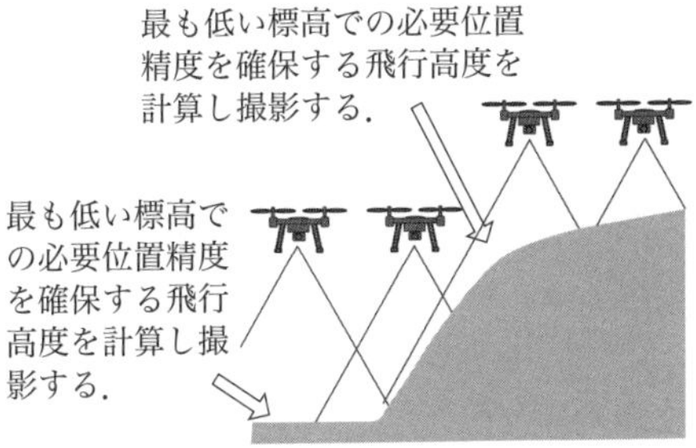

最も低い標高での必要位置精度を確保する飛行高度を計算し撮影する．

最も低い標高での必要位置精度を確保する飛行高度を計算し撮影する．

図 12-13　撮影方法②

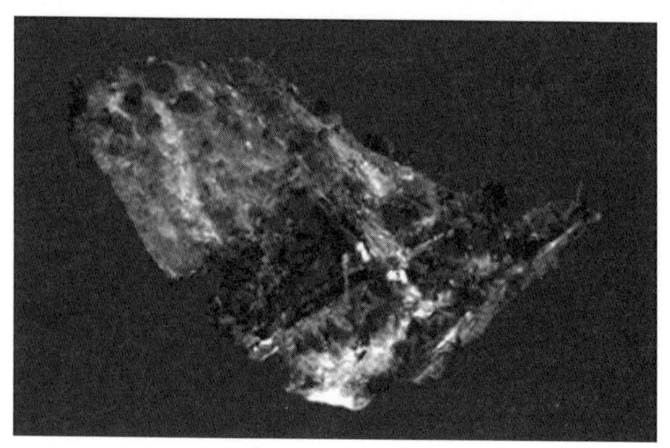

写真 12-3　急傾斜地

コメント

**―垂直写真と斜め写真―**

垂直写真とは，機体のカメラレンズを真下に向けた状態で機体の真下の被写体を垂直に撮影した写真．主に測量用に撮影．

斜め写真とは，機体のカメラレンズを地上の被写体に斜めに向けた状態で撮影した写真．主に全体の状況把握用に撮影．

## 12-9　自動飛行（自律飛行）について

「公共測量における UAV の使用に関する安全基準（案）」において，公共測量において UAV を使用する際には，使用する環境や安全を確保する目的を達成するため，離着陸時を除き自動運航を行うことを原則とするとされている．また，「UAV を用いた公共測量マニュアル（案）」においても，撮影飛行は，“**離着陸以外は，自律飛行で行うことを標準とする**”とされている．

自動運航（自律飛行）とは，操縦者が送信機（プロポ）を用いてUAVを操作しながら飛行（マニュアル飛行）するものではなく，UAVに搭載されたGNSS等で機体の位置情報などを取得し，あらかじめ計画した飛行ルートに従ってUAVが自動的（自律的）に飛行することである．

公共測量においては，測量に必要な情報を一定の精度で取得することが必要であることから，あらかじめ計画された飛行ルートに従って正確に飛行することが重要である．

また，自動飛行（自律飛行）は，操縦者による飛行技能の影響が少なく，思わぬ操縦ミスを防ぐことも可能である．

写真 12-4　飛行ルート

UAV（ドローン）を自動飛行（自律飛行）飛行させるには，飛行高度や飛行ルートなどを設定するソフトウェアが必要である．代表的なソフトウェアは以下のとおりである．

- GROUND STATION PRO（DJI）
- Litchi（VC Technology）
- Pix4D（Capture Pix4D）
- Mission Planner（APM）

これらのソフトウェアは，タブレットまたはパソコン上で飛行範囲を設定したうえで，オーバーラップ，サイドラップ，飛行高度を設定し，そのデータをUAV（ドローン）本体に送信することで，自動飛行（自律飛行）しながら自動撮影を行うことが可能となる．ただし，使用するUAV（ドローン）に対応しているソフトウェアを使用しないと機能しないので，注意が必要である．

**○自動飛行（自律飛行）の注意点**

自動飛行（自律飛行）のポイントは，機体の位置情報である．機体は衛星電波を受信し，単独測位で位置座標を計算する．もし，電波障害等で位置情報の誤差が大きくなった場合，あらかじめ設定した飛行ルートとは違う位置を飛行することになり，思わぬ事故等が発生する危険性がある．そのため，自動飛行（自律飛行）は，必ず衛星電波が安定して受信できる状態で使用しなければいけない．

電波障害等により位置座標 $(X, Y, Z)$ であるが，正しい位置座標は $(X+\Delta x, Y+\Delta y, Z+\Delta z)$ である。

飛行ルート

誤差 $(\Delta x, \Delta y, \Delta z)$

設定した位置座標 $(X, Y, Z)$

図 12-14　位置情報の誤差

**コメント**

**—撮影画像の位置情報—**

UAV 測量で使用される UAV（ドローン）には，位置安定装置である GNSS 受信機が装備されており，機体の位置情報（単独測位であるため，精度は m単位である）が取得されている．撮影される画像データには，この GNSS 位置情報が Exif 情報として内挿されている．

## 12-10　三次元点群データ

UAV（ドローン）に搭載されたカメラで撮影した複数の画像データから，それらの撮影位置を推定する，同一地点に対する複数枚のデジタル画像のズレである視差から，三次元点群データを作成する手法のことを SfM（Structure from Motion）という．

三次元点群データの精度は，使用するカメラの画素数，撮影高度，ラップ率によって変化する．

三次元点群データのすべての点は三次元座標から成り立っており，測量座標と整合させるために SfM 処理の実行時に地上の標定点と画像データ上での標定点との三次元座標の対応付けを行い，3 次元点群データを作成する．

写真 12-5　三次元点群データ（点を拡大）

三次元点群データから，「斜距離，水平距離，面積，ボリューム計算，断面図作成」の取得が可能である．また，点群データから TIN（Triangulated Irregular Network）データや DEM（Digital Elevation Model）データを作成することができ，空中写真画像を張り付けることが可能である．正射投影補正を行ったオルソ画像を作成することもできる．

UAV 測量の目的は，「三次元点群データを作成し，オルソ画像作成，土量計算，縦横断面図作成」を行うことである．UAV 測量全体の工程別作業手順は，下記のとおりである．

写真 12-6　DSM データと写真画像データの合成（3D）

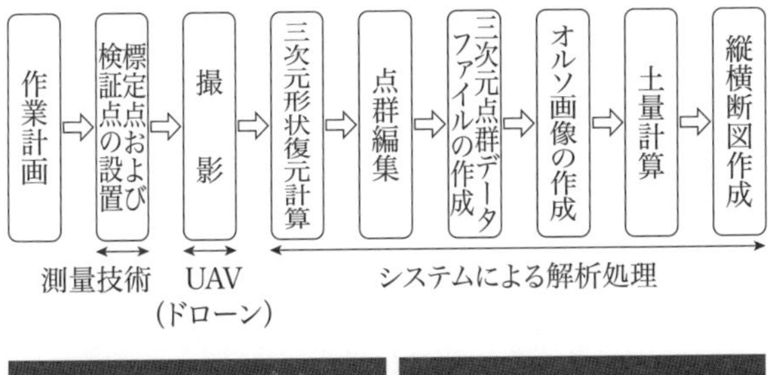



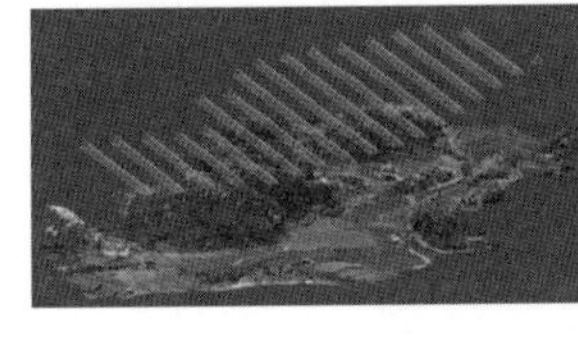

図 12-15　作業フロー

標定点および検証点の観測には測量技術が必要であり，点群データ作成等においては，解析ソフトおよび高性能パソコンが必要である．

全体作業の工程で，UAV（ドローン）の使用は撮影のみであり，最も作業時間が必要となるのは，システムによる解析処理である．

## 12-11　三次元形状復元計算

三次元形状復元計算とは，撮影した空中写真および標定点を用いて，地形・地物の三次元形状をシステムで復元し，オリジナルデータを作成する作業をいう．

三次元形状復元計算については，「UAV を用いた公共測量マニュアル（案）」第 65 条　において，下記のように定義されている．

**第 5 章　三次元形状復元計算**

**（要旨）**

第 65 条　三次元形状復元計算とは，撮影した空中写真及び標定点を用いて，空中写真の外部標定要素及び空中写真に撮像された地点（以下「特徴点」という．）の位置座標を求め，地形・地物の三次元形状を復元し，オリジナルデータを作成する作業をいう．

2　三次元形状復元計算は，特徴点の抽出，標定点の観測，外部標定要素の算出，三次元点群の生成までの一連の処理を含むものとする．

**〈第 65 条　運用基準〉**

1　三次元形状復元計算に用いる撮像素子寸法，画素数は，デジタルカメラのカタログ値を採用し，焦点距離の初期値は，デジタルカメラのカタログの焦点距離の値を用いるものとする．

2　三次元形状復元計算は，分割して実施しないことを標準とする．

3　カメラのキャリブレーションについては，三次元形状復元計算において，セルフキャリブレーションを行うことを標準とする．

「UAV を用いた公共測量マニュアル（案）」　抜粋 12-8

「UAV による空中写真を用いた数値地形図作成」においては，第 25 条において，**“撮影に使用するデジタルカメラは，独立したカメラキャリブレーションを行ったものでなければならない”** と定義されている．また，「UAV による空中写真を用いた三次元点群作成」においては第 65 条　運用基準において，**“カメラのキャリブレーションについては，三次元形状復元計算において，セルフキャリブレーションを行うことを標準とする”** と定義されている．

コメント

**—カメラキャリブレーション—**

カメラごとに多くの歪みが存在する．撮影画像に歪みが存在すると正確な位置座標が特定できない．そのため，歪みのない正確な撮影画像を使用するため，カメラごとに存在している歪みを予め特定し，その歪み量を補正値として撮影画像を補正する必要がある．

その補正する処理をキャリブレーションという．カメラキャリブレーションでは，レンズ歪みパラメータ，レンズ焦点距離などの内部パラメータ，カメラの位置・姿勢を表す外部パラメータを求め，歪みのある画像を補正し処理をする．

独立したカメラキャリブレーションとは，あらかじめキャリブレーションを実施し，パラメータを特定することであり，セルフキャリブレーションとは，SfMシステム内部で処理中に標定点を使用して，パラメータを自動的に算出し補正を実施することである．

## 12-12　三次元形状復元計算結果の点検

三次元形状復元計算の結果は，三次元形状復元計算ソフトの機能に応じて点検する．結果の点検は，使用しているソフトに依存するが，以下のような項目が標準である．

① 処理に使用されなかった空中写真の有無
② 処理に使用した空中写真の重複枚数
③ 特徴点の分布
④ 標定点の残差
⑤ 検証点の較差

また，三次元形状復元計算において最も重要な，標定点および検証点の点検方法については，「UAVを用いた公共測量マニュアル（案）」第67条　において，下記のように定義されている．

**（標定点の残差及び検証点の較差の点検）**

第67条　三次元形状復元計算で得られる標定点の残差が，X，Y，Zいずれの成分も，作成する三次元点群の位置精度以内であることを点検する．

2　あらかじめ求めた検証点の位置座標と，三次元形状復元計算で得られた検証点の位置座標との較差が，X，Y，Zいずれの成分も，作成する三次元点群の位置精度以内であることを点検する．

3　点検のために，必要に応じてオルソ画像を作成することができるものとする．

4　点検の結果，精度を満たさない場合には，不良写真の除去及び特徴点の修正を行った上で，再度三次元形状復元計算を行い，点検を行うものとする．こうした処理を行っても精度を満たさない場合には，追加撮影を行うものとする．

〈第 67 条　運用基準〉

1　三次元形状復元計算ソフトで直接検証点の位置座標を求めることができない場合は，検証点の位置座標は，次の方法で求めるものとする．

(1)　平面位置は，第 3 項で作成したオルソ画像上で検証点の位置を確認し，座標を求める．

(2)　高さは，作成した三次元点群を用いて，各検証点に対し平面座標上の距離が 15 cm 以内であるような点群を抽出し，距離の重み付内挿法（Inverse Distance Weighted 法：IDW 法）で求める．

「UAV を用いた公共測量マニュアル（案）」 抜粋 12-9

1章 2章 3章 4章 5章 6章 7章 8章 9章 10章 11章 12章

標定点の残差，検証点の較差とも作成される三次元点群の目的別の位置精度によって異なってくる．

出来高管理には位置精度 0.05 m 以内，起工測量または岩線計測には位置精度 0.10 m 以内，部分払い出来高計測には位置精度 0.20 m 以内となり，その他の目的の場合には，必要とする位置精度を目的に応じて設定するが，**位置精度は 0.05 m，0.10 m，0.20 m が標準**とされている．

## 12-13　点群編集

点群編集とは，オリジナルデータから必要に応じて異常点の除去，あるいは，点群の補間等の編集を行ってグラウンドデータを作成し，所定の構造に構造化する作業をいう．

**（点群編集）**

第 70 条　オリジナルデータを複数の方向から表示し，地形以外を示す特徴点や成果に不要となる特徴点等の異常点を取り除くものとする．

2　オリジナルデータが必要な密度を満たさない場合は，必要に応じて TS 等を用いて現地補測を行い，点群を補間する．

3　異常点やオリジナルデータが必要な密度を満たさない場所が広範囲に分布する場合には，空中写真及び三次元形状復元計算結果を見直し，必要に応じて空中写真の追加撮影又は三次元形状復元計算の再計算を行うものとする.

【解説】

三次元点群の点群編集には，誤抽出の修正と欠測部での補測がある．誤抽出とは，異なる場所を同一の場所と判定して三次元点群に変換したものをいう．欠測部とは三次元点群が，精度に影響するほどまとまった範囲で抽出できなかったところをいう．前者は類似の模様が固まって存在する場所に，後者は土地被覆の濃淡が少なかったり，水面のように異なる模様で写る場所が該当する.

抽出が正確に行われたとしても成果とはならない樹木，草，構造物，車両等を抽出している場合は，これらも必要に応じて編集により除去する.

土木施工において使用する三次元点群の点密度は，下表を標準に分類している.

| 低密度 | 標準の密度 | 高密度 |
|---|---|---|
| 100 $m^2$（10 m × 10 m）につき 1 点以上 | 0.25 $m^2$（0.5 m × 0.5 m）につき 1 点以上 | 0.01 $m^2$（0.1 m × 0.1 m）につき 1 点以上 |

「UAV を用いた公共測量マニュアル（案）」 抜粋 12-10

### ○異常点の除去

UAV（ドローン）による空中写真の撮影は，航空機に比べ圧倒的に飛行高度が低いため，地上の色彩の違いや比高差によって，SfM 処理による点群異常点が多く発生する.

**写真12-7**は，SfM処理によって作成した点群データを編集をせずにオルソ画像を作成したものである．欄干の白色と橋梁下との急な比高差により，点群データに異常点が多く発生した結果である．これらの異常点を取り除き，オルソ画像を作成したのが**写真12-8**である．

点群データ編集の有無によって，完成する成果データに違いが出るのは明らかであるが，編集作業には三次元データを扱う技術と編集時間という大変な労力が必要である．システムによっては，半自動編集機能は存在するが，多くの作業はオペレータの作業に依存することとなる．

写真12-7　点群未編集

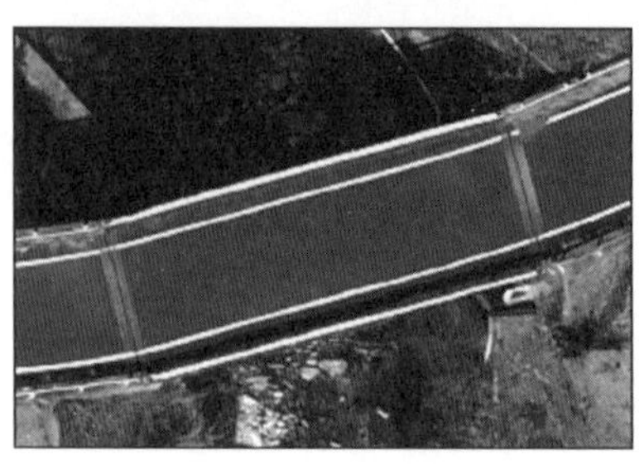

写真12-8　点群編集後

## 12-14　構造化

構造化とは，グラウンドデータからサーフィスモデルである “TIN”（Triangulated Irregular Network）データや “DEM”（Digital Elevation Model）データ等の構造化データを作成および変換する作業である．

（構造化）

第71条　構造化とは，必要に応じて，グラウンドデータを決められた構造の構造化データに変換する作業をいう．

2　構造化に当たっては，必要に応じてブレークラインを追加できるものとする．

【解説】

グラウンドデータを変換することで，サーフェスモデル（TINデータ）や，一定の格子間隔で地形の形状を表すDEMデータを作成することができる．また，サーフェスモデルに撮影した空中写真画像を貼り付けることで，写真地図（三次元オルソ画像）を作成することもできる．サーフェスモデルは土木施工において利用されることも多い．必要となるデータは，利用目的等によっても異なることから，必要に応じてグラウンドデータから，これらの構造化データに変換する作業を行う．

「UAVを用いた公共測量マニュアル（案）」 抜粋12-11

構造化データは，3D CADなどの3Dデータとして利用される.

コメント

—**用語解説**—

**TIN（Triangulated Irregular Network，不規則三角形網）データ**：三次元点群データを三角形の格子状に結合した集合体で表現するデータ構造.

**オリジナルデータ**：SfM 処理により全ての特徴点から作成された状態の三次元点群データ．地表面の建物や樹木など全ての地表物が含まれている．**DSM（Digital Surface Model，数値表層モデル）データ**である.

**グラウンドデータ**：オリジナルデータから建物や樹木など地表面のデータを取り除き（フィルタリング処理），地盤の高さのみの状態の三次元点群データ．**DEM（Digital Elevation Model，数値標高モデル）データ**である.

## 12-15 UAV を用いた測量のメリット，デメリット

UAV（ドローン）を用いた写真測量を実施した場合のメリットおよびデメリットは以下の通りである.

**○メリット**

**・作業時間を短縮できる**

従来の測量に比べ，大幅な作業日数の短縮が可

能である.

- **現場作業員の安全が確保できる**

崩壊地などでは，従来の測量方法ではどうしても作業員が立入り，測量を実施することが必要となる場合があったが，UAV を用いた場合には，上空から見えていれば立入る必要がなく，安全管理上のメリットが大きい.

- **現場作業員の立ち入れない危険個所の測量が可能**

空撮で確認できる箇所については，三次元点群データファイルより比高差の計測や面積計算等が可能である.

- **追加図面作成が容易**

三次元点群データファイルを作成できれば，後日，必要なときに必要箇所の断面図作成が可能である.

- **追加調査が容易**

三次元点群データファイルを作成しておけば，何時でも追加箇所の調査や形状計測が可能である.

- **空中写真による現地状況の情報量が多い**

低空飛行での空撮画像を使用しているので，解像度が高く，現地の詳細な状況確認が可能である(カラー画像であることも大きなメリット)．従来とは違う視点での現状把握が可能.

○デメリット

**・障害物による計測不可**

樹木等の障害物のある箇所においては，地表面の計測ができない．

**・三次元データの取り扱いが難しい（3D CAD 含む）**

三次元データや3D CADのデータ作成および取り扱いには，経験が必要である（精度管理も難しい）．

**・飛行は天候に左右される**

UAVを用いた空撮は，UAV機体の特徴から航空機に比べ，天候に左右される要素が大きい（雨天，強風，濃霧，雷での飛行は不可）．

**・市街地や人の多い箇所の飛行は難しい**

市街地や人が密集している箇所での飛行許可は難しく，また，地表面の計測も難しい．

**・操縦技術および自動飛行設定の操作技術が必要**

無人航空機の操縦および自動飛行の設定には，安全管理上，十分な経験が必要である．

**・操縦練習を継続するのが難しい**

常日頃から操縦訓練を継続するための場所の確保が必要である．

**・比高差の大きい箇所での飛行計画が難しい**

全体のデータ精度を同一に確保するために，比高差の大きい箇所の飛行計画には十分な経験が必要である．

**・測量機材（トータルステーションまたは GNSS 測量機）が必要**

空撮のみであれば無人航空機のみで対応可能であるが，無人航空機を用いた測量を実施するには，標定点を観測するためのトータルステーションまたは GNSS 測量機を用いた測量技術が必要である（公共測量の場合，観測には測量士または測量士補の資格が必要）．

## 12-16　今後の UAV 活用方法

UAV を用いた測量データのみでは，障害物等の影響で十分な地形データの取得は難しい．今後は，UAV 測量データと現地測量データおよび地上レーザ測量データを組み合わせた，ハイブリッド型地形データの作成が必要になると思われる．

# 索引

## 欧字



## あ行

## か行



## さ行

## た行

## な行



## は行



## ま行

## や行



## ら行

## ―― 著　者　紹　介 ――

**谷口　光廣**（たにぐち　みつひろ）
三重大学大学院生物資源学研究科 非常勤講師
株式会社若鈴 営業企画部部長
測量士
執筆分担：資料収集，全章主著

**岡島　賢治**（おかじま　けんじ）
三重大学大学院生物資源学研究科 教授
博士（農学）
執筆分担：全章編集

**森本　英嗣**（もりもと　ひでつぐ）
三重大学大学院生物資源学研究科 准教授
博士（農学）
執筆分担：全章一次推敲

**成岡　市**（なりおか　はじめ）
三重大学大学院生物資源学研究科 教授
農学博士
執筆分担：全章二次推敲，索引

# ドローンポケットブック

2020年 8月12日　　第1版第1刷発行

著　者　谷口光廣（たにぐち みつひろ）
岡島賢治（おかじま けんじ）
森本英嗣（もりもと ひでつぐ）
成岡市（なりおか はじめ）

発行者　田中　聡

発 行 所
株式会社 電 気 書 院
ホームページ　www.denkishoin.co.jp
（振替口座　00190-5-18837）
〒101-0051　東京都千代田区神田神保町1-3ミヤタビル2F
電話(03)5259-9160／FAX(03)5259-9162

印刷　創栄図書印刷株式会社
Printed in Japan／ISBN978-4-485-30258-3